走进太空世界丛书

星外基地——太空站

本书编写组 ○ 编

ZOUJIN TAIKONG SHIJIE CONGSHU

XINGWAI JIDI TAIKONGZHAN

世界图书出版公司
广州·北京·上海·西安

图书在版编目（CIP）数据

星外基地：太空站 /《星外基地：太空站》编写组编 . —广州：广东世界图书出版公司，2010.4（2024.2 重印）
ISBN 978-7-5100-2242-5

Ⅰ.①星… Ⅱ.①星… Ⅲ.①星际站-青少年读物 Ⅳ.①V476.1-49

中国版本图书馆 CIP 数据核字（2010）第 070682 号

书　　名	星外基地：太空站 XINGWAI JIDI TAIKONGZHAN
编　　者	《星外基地：太空站》编写组
责任编辑	康琬娟
装帧设计	三棵树设计工作组
出版发行	世界图书出版有限公司　世界图书出版广东有限公司
地　　址	广州市海珠区新港西路大江冲 25 号
邮　　编	510300
电　　话	020-84452179
网　　址	http://www.gdst.com.cn
邮　　箱	wpc_gdst@163.com
经　　销	新华书店
印　　刷	唐山富达印务有限公司
开　　本	787mm×1092mm　1/16
印　　张	10
字　　数	120 千字
版　　次	2010 年 4 月第 1 版　2024 年 2 月第 10 次印刷
国际书号	ISBN 978-7-5100-2242-5
定　　价	48.00 元

版权所有　翻印必究

（如有印装错误，请与出版社联系）

前 言
PREFACE

　　人类对知识的渴望是无止境的。同样人类对新环境的认识与探索也是无止境的。太空是人类一直渴望涉足了解的地方,从古到今人类对太空的憧憬与幻想成就了无数个民族的传说与神话,这些神话与传说代表了人类对太空的向往。在探测器、卫星之后,人类终于将太空站这一人类在空间生存生活的新设施送上了太空。

　　1971年4月19日,前苏联发射了第一座空间站"礼炮1"号,从此载人太空飞行进入一个新的阶段。到目前为止,全世界已发射了9个空间站。其中前苏联共发射8座,美国发射1座。

　　空间站是一种在近地轨道长时间运行、可供多名航天员在其中生活工作和巡访的载人航天器。小型的空间站可一次发射完成,较大型的可分批发射组件,在太空中组装成为整体。在空间站中要有人能够生活的一切设施,不再返回地球。

　　如今太空旅游、高纯度金属冶炼、生物物种的培养,通信、导航等卫星的修复都可以在空间站完成,空间站成为了人类在太空的根据地。

目录

开发太空

飞向太空的意义 ·································· 2
太空资源 ·································· 8
太空生物实验的收获 ·································· 23
从空间改变气候 ·································· 29
空间发电站 ·································· 32
空间站对接 ·································· 35

空间站的奥秘

空间站的划分 ·································· 44
空间站的构造 ·································· 45
空间站的能源、环境与制导 ·································· 47
返回舱的控制 ·································· 51
宇航员——空间站的主人 ·································· 54
宇航员的生命保障 ·································· 65
如何维护空间站 ·································· 70
工作在空间站 ·································· 71

那些璀璨的空间站

由"礼炮"到"和平" ·································· 79

美利坚的空间站 …………………………… 104
欧盟的空间站 …………………………… 107
日本的空间站 …………………………… 109
中国空间站展望 …………………………… 112
国际空间站重大失误 …………………………… 114

国际空间站

国际空间站 …………………………… 118
国际空间站的合作 …………………………… 128
未来空间城 …………………………… 139

开发太空
KAIFA TAIKONG

太空是宇宙存在的形式，对人类而言既是探索的对象，也是未来通向其他星球的通道，更是空间诸多能力的集中地。根据百度百科定义："太空"是由无极元和能量相互作用而构成的、物质的，存在时空概念并存在于宇宙内部的一个有限的，有着开始和结束的整体事件。

1957年10月4日，前苏联第一颗人造卫星上天，拉开了人类航天时代的序幕。时至今日，人类在太空的许多坐标上都留下了印迹，包括各式各样的空间探测器、人造卫星等等，但迄今为止人类在太空最有意义的探索是空间站的建立和应用。空间站将人类从地球摇篮带往更遥远、神秘的宇宙提供了必不可少的重要条件；空间站是人类认识太空、利用太空的前进基地，是人类在地外生存的根据地。可以说现代空间探索如果没有空间站，就根本不会有现在人类对太空的认识和如此进步的宇宙以及天体物理学等学科的快速积累。

太空有着太多的秘密等待着人类去探索，太空是人类发展的必经之路。

飞向太空的意义

我们知道,地球是万物的摇篮。人类历经沧桑,终于以其高超的智慧和灵巧的双手征服了地球上的万物,成为了世界的主宰。但是人们并未因此而满足,他们抬头仰望,对美丽的天空产生了无尽的兴趣,于是便开始了征服太空的宏伟事业。

人类之所以不倦地探索登天之路,是因为从千百年的生产和生活实践中越来越清楚地认识到,其赖以生存的地球属于宇宙中的一个星球,而且地球上发生的许多现象都与空间的现象有直接的联系。为搞清楚这种联系,人类从远古时代就开始进行孜孜不倦的研究和探索,虽然取得了很大的成就,但是人们也发现,没有人的参与,很多的情况不能搞清楚。为了突破地球大气的屏障和克服地球引力,把人类的活动范围从陆地、海洋和大气层扩展到太空,更广泛和更深入地认识整个宇宙,就要充分利用太空和载人航天器的特殊环境进行各种研究和试验活动,开发太空及其丰富的资源。

载人飞行不只是为了人能上天而上天,而是对人类和平利用空间、开发宇宙、造福后代有着重要的意义。

万物摇篮——地球

所以说,人类登天的原因之一便是人类自身发展的需要。人类最终要利用空间、开发宇宙。要实现这个目的,首先要弄清楚宇宙空间的环境对人体的影响,因此要进行生理学、生物学的研究,目的在于研究在空间那特有的环境下的种种现象,不但能为确保宇航员在长时间的航天活动中的身体健康与安全提供重要的资料,而且也为一般人能进入太空旅行提供可能。人类一直在寻求移居其他星球的可能性，因此不但要清楚地球附近的环境对人的影响，而且对太阳系内的其他星球乃至宇宙中的其他星系都要进行探索才能达到目的。

其次，便是提高国际地位，壮国威。我们知道，在目前的情况下，载人航天的另一个作用就是提高一个国家的国际地位从而壮国威。载人航天的发

卫星用胶卷记录所拍内容

展水平是一个国家综合国力的体现，可以全面衡量一个国家的发展水平。事实证明，世界上的几个航天大国及集团都很重视载人航天技术的发展。比如，美国前总统肯尼迪曾说："如果苏联控制了空间，他们就能控制地球……我们合众国是以能力和远见来立国的，我们这一代美国人一定要实现世界上领先的星际航行的目标。"美国前总统里根把发展载人航天作为美国的重大国策。他声称："载人航天是取得航天领先地位的必要因素，这是文化价值观念和人类实现冲破地球生存局限这一理想的必然结果。"法国人也曾说："如果欧洲不参与载人航天活动，整个欧洲将被看做是不敢涉足最困难技术领域的二等洲。"因此目前除了美、俄以外的西欧、日本、加拿大等国家和地区已经涉足载人航天领域。因此，载人航天技术的发展本身就显示了一个国家的技术实力和综合国力水平，同时可以大大提高一个国家的国际威望和地位。

再者，人类的登天行动也有不可低估的军事价值。资料显示，前苏联以及美国都利用载人飞船和空间站完成军事任务、空间侦察、指挥控制地面军事行动等工作。有人的侦察比无人卫星的侦察带有更多的有利方面，它不像卫星按程序工作，而是靠人的主观能动性，可以对目标进行有选择的侦察，当预定的侦察地区被云层覆盖时就可以停止工作，待有利时机出现再工作。而卫星是按程序工作，不管有没有云，到时间就工作，这样往往信息的可用率比较低。而主动控制不但可以节省胶卷，同时提高了信息的质量和可用性。

前苏联和美国都曾在载人航天器上进行过侦察、监视、研制空间兵器、协助指挥与控制地面军事力量等方面的试验。由于宇航员可以有目的地选择侦察和跟踪目标，可以灵活地根据不同需要选用不同的侦察仪器和手段，可以筛选、滤掉不必要的数据，这样就大大提高了军事侦察情报的实际质量。

前苏联就利用"礼炮"号空间站对从北纬51.6度到南纬51.6度所有的国家、地区进行地毯式的照相侦察，这当然也包括了我国全部的领空和领海，而且每隔两天就可以重复一次，从而进行对比分析，探测别国的军事动态。前苏联利用该空间站进行了反弹道导弹观测试验、指挥控制陆军释放烟雾训练，进行天基激光瞄准跟踪试验等大量军事行动。而美国的航天飞机则是潜在的最有效的卫星、导弹防卫和进攻两栖武器，宇航员可以利用航天飞机在轨道上自由地检修、回收自己的卫星及其他航天器，也可以拦截、搜查、破坏、偷窃敌方的卫星，这种制天权对敌方的威胁远远高于制空权。

而且这种活动还没有被认为是非法的行为，因为一个国家的领空还没有划到太空的范围。如果是飞机飞到其他国家的上空进行侦察，那就是侵犯主权，肯定遭到抗议甚至有被击落的危险。而航天器还不存在这个问题，因此它的安全性好，不易受到攻击，这在战争时期尤其有用。

通过以上我们所列举的事实说明，在进行空间活动中，有人的飞行，尤其是长时间的飞行是非常必要的，是无人的航天器所替代不了的。因此，发展长寿命的有人的空间飞行器是完全必要的，而且并不是为了研究而研究，为了发展而发展。人类并不满足能够把人送上天这一成就。

登天"梦"想的实现

我们知道，多少年来，人们在形容做一件非常困难的工作或者事情时经常说："这比登天还难！"这足以说明人们一直认为登天是何等之难！事实上在技术不发达的过去，登天确实是无法实现的，顶多只是梦想而已。然而后来，在人造卫星上天以后，人们打开了上天的希望之路。

就在人造地球卫星上天后的第四年，即1961年4月12日，前苏联就成功地发射了"东方1"号载人飞船，第一次真的把宇航员加加林送入了太空。

开发太空

尽管加加林在天上只围绕地球转了一圈就返回了地面，但就是这么一圈，揭开了人类进入太空的新纪元，同时也说明了人能够进入太空，并且可以在太空生存，人类千百年的梦想终于在20世纪60年代实现了，这是人类文明史的一大进步。

"联盟"号飞船

自那以后，前苏联又不断地研制发射了新的载人飞船，如继"东方1"号以后的"上升"号以及"联盟"号，先后把多名宇航员送入了太空。与此同时，美国也不但用"水星"、"双子星座"飞船把人送上天，而且还曾6次利用"阿波罗"飞船把人送到月球上，写下了人类历史上不朽的篇章。

我国在1999年11月20日把无人试验飞船送上了太空，运行近一天的时间准确、安全地返回地面。这一切说明了人能够上天，而且以现在的观点看，人上天不再是不可思议的难事了。

截止到2003年2月，俄罗斯（包括前苏联）和美国共进行了200多次的载人航天发射，共把727名宇航员送入了太空。其中俄罗斯发射85次，被送上天的宇航员有190名；美国发射181次，被送上天的宇航员有537名。而在这些载人航天飞行和试验中有22名宇航员为了航天事业而殉难，献出了自己宝贵的生命。正是在这些不屈不挠的奋斗中，我们进军太空的步伐在不断地加

我国"神舟1"号无人试验飞船

走进太空世界丛书

大，我们的美好梦想在一个个地实现着。

永不止步的太空探索

尽管事实表明，我们现在能够把人送上天，但是人类并不满足这一已取得的成就，上天并不是人类最终的目的，而是在千百年探索太空的过程中，对太空的认识逐渐进步、深化。

正是由于这种深化，我们人类在对太空加深认识的同时进一步地发现，宇宙空间的种种现象的发生比我们想象的要复杂得多；而且进一步地发现，宇宙空间的各种现象对我们生存的地球的影响也比我们想象得要大得多。从我们的祖先开始，对于神秘的宇宙空间就产生了浓厚的兴趣，这其中不光是出于好奇，而且是通过人类长期的生产活动和生活的实践，逐渐认识到了地球上的许多现象，如天气的变化、四季的产生、风雨雷电的形成以及自然灾害的出现，虽然发生在地球上，但是它的根源在天上。因此，人类一直想弄清楚，是一种什么样的力量给人类赖以生存的地球带来如此巨大的变化，对人类的生产活动及生活带来这么大的影响。

后来，随着载人航天的成功，我们人类能够驾驶和乘坐载人航天器在太空中从事各种探测、研究、试验、生产和军事应用的往返飞行活动。其目的在于突破地球大气的屏障和克服地球引力，把人类的活动范围从陆地、海洋和大气层扩展到太空，更广泛和更深入地认识整个宇宙，并充分利用太空和载人航天器的特殊环境进行各种研究和试验活动，开发太空极其丰富的资源。

我国古代劳动人民所发明的司南

综观我们人类文明的发展史，单从活动范围的角度去看，人类的活动空间和活动范围随着科学技术的不断发展也在不断地扩大。最初在那刀耕火种的时代，人类的活动场所只能局限在地球陆地的范围

开发太空

郑和下西洋纪念碑

内，居住在洞穴之中，以树叶为衣；尽管我们的祖先对神秘莫测的太空产生着浓郁的幻想，但却只能是望空兴叹；后来人类发明了造船和指南针，进而发展了航海业，从此人类的活动范围从陆地延伸到了海洋。像郑和下西洋、哥伦布发现新大陆，都是航海业发展的巨大成果和最好的见证；再后来，人类又发明了飞艇和飞机，这一次的技术飞跃，使我们人类的活动空间又一次地扩大了，从海洋扩大到了大气层以内的空间；尤其在后来又发明了超音速的喷气式飞机，它的作用不用说我们也明白，大大缩短了国际间的距离，扩大了国际间的交往与合作。

而今天，航天技术的发展使人类的活动空间再一次地扩大了，不但能够在大气层以内的空间自由飞行，而且已经实现了从大气层内到大气层以外的外层空间的活动，人类还不止一次地登上了月球。人类活动范围的每一次飞跃，都大大增强了对外层宇宙空间的认识，提高了改造自然的能力，促进了生产力的发展和人类社会文明的进步。

事实上，我们所称的外层空间，就是指地球稠密大气层以外的空间区域，有时我们也称之为宇宙空间或太空，即我们的祖先俗称为"天"的那部分空间。正是由于航天技术的出现和成熟，我们已经预见到人类的活动范围必将再次扩展到太空。因此，在1981年召开的国际宇航联合会第三十二届大会上，与会的各国代表重新界定了人类活动的

人类的第四环境——太空环境

走进太空世界丛书

范围：把陆地称为人类活动的第一环境；把海洋称为人类活动的第二环境；把大气层称为人类活动的第三环境；把宇宙空间称为人类活动的第四环境。从这里也可以看出，人类对在空间的活动是多么的重视，当然所谓的活动也不单单是能够把人送上天而已，而是要在那里从事各种有益于人类发展的活动，其中包括人类的居住环境。我们想想到那个时候将是什么样子？所以说，人类并不满足能上天。当然人类要进入第四环境，比进入第二、第三环境要困难得多。

太空环境

自宇宙大爆炸以后，随着宇宙的膨胀，温度不断降低，现在，太空已成为高寒的环境，平均温度为零下270.3℃。

在太空中，各种天体也向外辐射电磁波，许多天体还向外辐射高能粒子，形成宇宙射线。如太阳有太阳电磁辐射，太阳宇宙线辐射和太阳风，太阳宇宙线辐射是太阳在发生耀斑爆发时向外发射的高能粒子，而太阳风则是由日冕吹出的高能等离子体流。

许多天体都有磁场，磁场俘获上述高能带电粒子，形成辐射很强的辐射带，如在地球的上空，就有内外两个辐射带。由此可见，太空还是一个强辐射环境。

太空还是一个高真空、微重力环境。重力仅为百分之一到十万分之一g（g—重力加速度），而人在地面上感受到的重力是$1g$。

太空资源

或许一说到资源，大家首先想到的是水、石油、煤炭和各种矿物等，很少有人一下子会想到太空资源。事实上太空资源是取之不尽用之不竭的。只

是因为科技所限,所以才未能大规模开发。下面简单介绍几种常见的太空资源:

太空轨道资源

事实上,与海、空航线一样,太空中的卫星轨道也是一种资源,而且是一种重要资源。

如在对地静止轨道上的卫星,可以更有利地为固定地区提供通信、气象、环境监测、发电和照明等各种服务。各种顺行和逆行轨道,可以满足对地球不同纬度地区进行观测和信息传递的要求。由多颗卫星组成的网络,则可以随时随地提供各种服务。

太空中人类信息的提供者——卫星

地球资源探测

地球资源的合理开发和科学管理,是关系到人类当前和长远利益的大事。我们知道,地球资源分布在广阔的地球上,地球表面积达到5.1亿平方千米,绝大多数重要的矿藏还深埋在地下。如煤炭、石油、天然气、各种珍贵金属等。要开采需要的各种资源,除了木材等表面资源,都必须要靠地质人员跋山涉水,一点一点地勘探,需要通过地质分析和判断,然后再通过钻探来确定,其艰苦和缓慢程度可想而知。然而这还不是全部,深海远洋、高山密林、沙漠深处等地区目前人类还无法涉足或还没有条件勘探,同时野外勘探还要受到黑夜和恶劣气候的影响。

另外,对地面上的资源管理也存在着麻烦。地面上有大量的农田、森林、河流、湖泊、海洋和已开采的矿业,这些资源都非常重要,然而要对所有这些资源进行有效的管理,就要建立庞大的机构,耗资巨大,即使这样也会顾此失彼，既浪费金钱又收效甚微。然而在太空轨道上进行地球资源调查和管理，就可以省去麻烦，大大地提高效率。

当地面接到太空发回的图像后，研究人员便可以根据这个图像绘制地矿图。因为不同的地下矿藏，具有不同的地表特征，而且对地上

目前人类还无法涉足沙漠深处

植被的生长也会产生不同的影响。这样可以准确地探测出地下矿藏的所在，甚至能准确地估出此矿藏的产物、类型和储量，为找矿工作提供了很大的便利。

通过太空发回的图像，研究者们还可以绘制土地利用图和分布图。因为太空图像是利用光谱区分物体的，同一物体处于不同的状态下，其光谱特性也有区别。例如：农作物在健壮状态、生命力低下或有病虫害的状态下的光谱反应都是不同的。这样，我们就可以在空中大面积地了解到农作物、牧草、森林的长势，监视病虫害和森林火灾的防治情况，还可以对大面积农作物进行估产和对森林进行估算贮藏量，其中对农作物的估产准确率可以达到97%以上。

另外，通过太空发回的图像还可以对城市进行规划；确定铁路线路和渠道、大桥的选址；了解河水水位变化，预报洪水；调查水利资源，寻找新水

人类在地面上管理森林既浪费金钱又收效甚微

源,以指导、制定灌溉计划;

对海洋进行综合考察,了解洋流和冰情、渔情;还可以绘制更加准确有用的海图和地图。

总之,太空图像可以让我们俯览地球,方便我们现在的生活,并有利于对将来做出规划与预测。当然,我们所说的太空图像和我们常见到的图像图片都不同。这些图像是航天器从高空用多光谱扫描仪、可见光和红外辐射计、微波辐射计等遥感设备,对地球表面依次扫描,遥感成像的。从太空中发回的图像必须由地面的专业人员进行分析和判断,才能绘制出各种反映地球问题的图表。

通过太空发回的图像还可以对城市进行规划

太空轨道通信

随着人类生活范围的扩大和对世界认识的增强,人类互相之间的联系越来越频繁,想与更远的地方的人联系的欲望也越来越强烈。由于整个地球面积广阔,生活在地球各地的人们的通信联系就成了一个大问题。

在没有交通工具的古代,人类发明了各种方法来互通信息,例如中国著名的长城烽火狼烟。如果有敌人来犯,白天就点燃狼烟,用事先约定好的信号使烟或长或短地发送出去,一个烽火台接一个烽火台,很快就可以把消息传递出去了。如果是晚上就点燃火,用火的一明一暗来传递消息。

烽火狼烟传递消息确实很

中国著名的长城烽火台

电话发明者——贝尔

快，但是也有许多不足，例如必须在有长城的地方使用，而且一般只能传递较短较单调的信息，否则就容易出错。这种办法在古代不失为聪明之举，但效率低又受各种因素制约，随着人类生活的发展，越来越不符合人类的要求。直到1837年摩尔发明了电报以后，人类的信息传递方式才有了质的飞跃。这时，人们可以用无线电的方式快速传递信息了。但是因为电波受到高层建筑物和高山的阻隔，必须架设高高的发射塔，而且电波还受到地球球形曲面的影响，所以每隔约60千米还必须架设一个中转站。无线电通信必须通过许多条件的干扰才能实现遥远距离间的信息传递，耗资巨大且费时费力。1876年，贝尔发明了电话，人们可以通过电话线与远方的人通话了，但是，由于电话线越长对信号的削弱程度越厉害，所以长途电话很不清晰。

然而利用太空轨道通信就没有以上这些麻烦了。卫星是挂在空中的无线电中转站，它居高临下，不受建筑物和高山的阻隔，地球曲面对它的影响也小得多。因此，要实现全球通信所需要的卫星数量要比地面上需要的中转站的数量少得多。在地球赤道上空，离地球35786千米的卫星轨道相对地面是静止的，这条同步轨道就叫地球静止轨道。在地球静止轨道上等距离设置3颗卫星，就可以将地面上发出的无线电信号，发送到地球除南北极少数地区

卫星是空中无线电的中转站

开发太空

以外的任意一个角落。

太空环境资源

太空特有的微重力、高辐射、高真空、高低温、无菌、高洁净的环境，是一种重要资源。在这种特殊环境下，人类可以进行工业加工、生物试验、空间制药等。

太空工业加工

说到太空工业加工，我们就必须谈一谈太空最重要的特殊环境——微重力环境。

说起失重，人们并不陌生，大家或许都有这方面的经验。例如我们从高处落下时，人就暂时处于失重状态，最鲜明的例子就是过山车了，它利用加速度下滑使人们产生失重状态，因为很大的加速度暂时平衡了地球的吸引力。但是这只是暂时的，由于地球吸引力的作用，人们最终还是要回到地面上来。

而在太空中，无论是宇航员还是各种物体都处于长时间的失重状态下。太空中的失重与地面上的失重还不太一样。确切地说，当一个航天器沿着太空轨道运动时，环绕地球旋转所产生的离心力和重力达到平衡，因而出现了失重状态。

而实践证明，空间站等航天器在太空中并不能形成完全真正的零重力环境，实际上总有某种干扰因素存在。例如太阳光的压力、反作用力矩、稀薄气体阻力、地球磁场的作用力与重力梯度影响等会形成微小重力。还可能产生干扰的有航天器中人员的走动、机器运转时的振动、定向系统发动机

翻滚过山车时可以产生失重

走进太空世界丛书

的工作、零部件的更换、陨石的撞击等诸多因素。因此，航天器中很难达到完全的失重，确切地说，航天器是处于微重力环境下。

在太空中，所有物体处于微重力环境中，这种失重环境就成了一种资源，可以帮助人类做许多在地面上无法做到的事。

首先，我们可以轻而易举地制造100%圆度的滚珠轴承。或许大家有些不解：地面上可以生产出来的东西，何苦跑到太空去生产？滚珠轴承是一种非常重要的工业零件，是许多机械中不可缺少的一部分，如果没有它，很多大型精密仪器就无法运转。一些高精密度仪器，对滚珠轴承在制造工艺方面的要求非常之高，绝不是普通自行车轴承里用的滚珠可以相比的，这些有特殊精度要求的滚珠制作起来非常不易。

空间站中的某些干扰因素——来自太阳光的压力

在远古时代，人们就知道利用失重方法制造金属球。方法是从高塔上用筛子过滤熔融的金属液，让金属液滴在下落时的失重状态下冷却成型，使制成的金属球近似于理想的球体状态。

在太空中可以制造出百分百圆度的滚珠轴承

现代工业需要大量的轴承，其内装的滚珠在地面上生产，通常要经过锻造、轧机、冲模、切削和研磨等多道加工工序，一般难以保证有很高的质量，因而影响轴承的使用和寿命。

在太空微重力环境下就没有这些麻烦了。因为处于微重力状态下的熔化金属，其表面张力很大,但不产生地面上常见的自重变形,能自动地收缩成理想的球体。

如果需要空心球体,则在加压下把气体注入自由蒸发的液滴中,就像吹肥皂泡那样将其吹胀,等液体冷凝后就自然而然地形成了空心球体。空心球体比实心球体更加坚固耐用。经测试,带空心球体滚珠的轴承比实心球体滚珠轴承的寿命长4~7倍。

如果在空心球体上再浇上几层同一金属熔体或其他金属熔体,新浇的熔体能均匀地蒙在整个球体上,即可得到无缝多层的空心滚珠。这种滚珠综合体现了理想球体、空心球体、多层材料等具有的各种优良性能,是轴承上不可多得的优良材料。

在微重力环境下,液滴较之在地面更容易悬浮。因此,冶炼金属时可以不使用容器,而是采用悬浮冶炼法。这种冶炼法的优点是,冶炼金属时的温度不受容器耐温能力的限制,所以可以进行高熔点的金属冶炼。这样还可以避免被冶炼的金属与器壁的污染,使被冶炼金属的纯度大幅度提高。

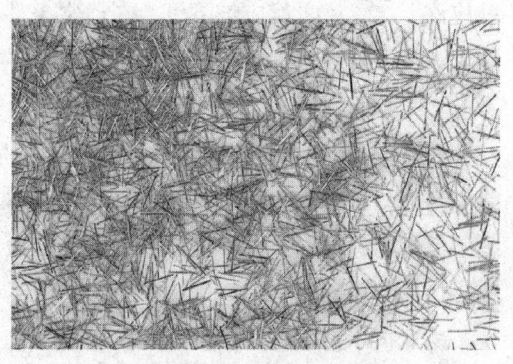

在太空中可以制造出更好的金属纤维

与制造金属球的原理相同,在地球上,制造金属纤维、金属丝、金属薄膜或薄片都比较困难,产品常常由于自身的重力作用而断裂,很难产生很长很薄并且很均匀的金属丝或膜。而在微重力条件下,这些生产技术都很简单,只要将金属溶液不断地送入喷头,喷出后经冷却、拉伸,就可以随意制成极细的纤维、长丝或极薄的薄膜、薄片了。

其次,人们可以制造许多地球上难以合成或合成后难以达到要求的合金以及各种晶体物质。在微重力条件下,产生了许多与地球上截然相反的物理现象,动摇了在地球上重力场中已经形成的物理概念和定理。人们必须重新审视早已熟悉的定理和定律,依据新的情况建立新的定理与定律。

在太空中可以生产出很好的半导体材料

众所周知的阿基米德定律，即浸在液体中的物体受到浮力的作用，浮力的大小等于排开液体的重量。作用于浸在液体中的物体上部和下部的压力是不同的。同理，也可以推广到空气中。在太空中这个众所周知的定律就失去了效用。

按照阿基米德定律，如果物体的密度小于液体的密度，就应该上浮，反之就应该下沉。在通常条件下，在装有油、水、沙粒的试管中，如果试管静止不动，那么，油应该悬浮在水上，沙粒应该沉在水底，三者应界线分明。

然而在微重力环境中，因表面张力而产生的微弱压缩力各处都是相同的，是均匀地分布在液体的所有面上，放在液体中的物体既不上浮也不下沉。我们上面说到的油、水、沙混合的试管，在太空中油滴、沙粒会始终悬浮在水中，形成一种乳浊状。同理，水中的气泡不会自动上浮逸出，就是在水里放一个铅球也不会下沉。

也就是说，在微重力条件下，不同比重的物质之间的分层和沉淀消失了。利用这个原理可以制造出含有多种元素的金属合金，不论组成合金的各种元素的密度相差多大，它们在合金中都会均匀混合，而不会存在在地面上最恼人的热扰动现象。这样制造的合金比在地球上熔炼的合金品质要好许多倍。

而制造晶体材料也是出于同样的道理。半导体材料是信息产业不可或缺的重要基石之一，在计算机、通信系统、光学系统及能量转换系统中都有广泛的应用。但是半导体器材对半导体材料的要求很高，也很严格。现在地面上虽然也可以生产半导体材料，但是微观的缺陷、材料的不均匀分布以及杂质和沉淀物的存在，使得现代半导体材料的低质量生产已成为半导体器材业发展的最主要障碍。而在太空中的微重力环境下生产的晶体物质，就没有以

开发太空

上这些缺陷，而且其晶体生长的潜在效益显著地提高了。因为结晶物质的传递不受对流的影响，晶体生长时的晶格趋向于理想状态的排列，具有晶体结构完善、错位密度低、掺杂均一性高等许多地面上的晶体无法比拟的优良性。

在太空中生产的优质砷化镓价值连城

举个例子，在现代生产中具有广泛应用价值的砷化镓，就是在太空中成功生产的晶体化合物。由于砷化镓中镓的比重为5.904，而砷的比重为1.97，两者的比重相差太大，所以在地面砷镓融体中生长的砷化镓晶体不可避免地存在着组分对流。固液界面的热不稳定性，必将导致砷化镓中化学配比的偏离。所以，在地面上生长的砷化镓，存在着清晰的、高密度的杂质条纹。这是化合物半导体区别于单质半导体所特有的、长期没有能够解决的严重问题。在太空中生产的砷化镓，由于在微重力条件下没有组分的重力驱动对流，所以可以获得比较精确的化学配比的单晶，与地面上生产的砷化镓相比，明显的没有杂质条纹。

美国的一家公司仅1990年一年就在太空中生产了40千克优质砷化镓，每千克价值高达100万美元。这些砷化镓如果在地面上生产，不仅耗资巨大，而且不会有如此高的质量。

此外，在太空中还可以生产一种奇特的金属——泡沫金属。这种

在太空中还可以生产泡沫金属

特殊的材料轻如木材，可以在水中漂浮，又坚如钢铁，可以有效地抵制压力。这种材料是在金属中均匀地充加了气体而制成的，而在地面上，要想在金属溶液中充气而且是均匀地充气是绝对不可能的。如果向金属溶液中充气，气体一般不会停留，更不会均匀地分布在金属溶液中，绝大部分气体会逸出液体，剩下的一小部分也会在金属中形成大小不同的空洞而使金属更加脆弱。

而在太空中这些就是最容易不过的事了。在微重力环境下，气泡既不上浮也不下沉，而是均匀地分布在液体中。至于如何把气体注入液体，在太空中至少有3~4种办法。

在太空中生产的泡沫金属钢材，按它的体积计算，最多可以充入88%的气体，同理，还可以制造更轻的泡沫铝材、泡沫钛材等。

泡沫金属除了质量轻和抗压力强以及一切多孔物质所具有的一般机械性能外，随着其气泡在固体物质内部分散程度的不同，还分别具有特殊的电、磁、过滤等特性，实在是不可多得的现代优质材料。

太空生物试验

太空特有的微重力、高辐射、高真空以及高低温差条件，可以对植物的生长产生一定的影响。

1984年4月，由美国"挑战者"号航天飞机施放到太空轨道上的"暴晒舱"，重11吨，装有120个品种的200亿颗植物种子，其中包括1200万颗西红柿种子。他们把这些种子放置在太空中，长期暴露在宇宙辐射、真空和低温状况下，再把种子带回地球播种，以研究长期宇宙环境对突变率和植物生长的影响。

我国利用返回式卫星搭载农作物种子，培育了优质高产的粮食作物和蔬菜品种。例如

我国利用返回式卫星成功研制出太空水稻

著名的太空水稻，其生长期比同类地球水稻缩短了10天，亩产达到750千克之高，蛋白质含量也比普通水稻提高了8%～20%。在太空中"住"过的青椒种子，在地面上生产的青椒耐寒能力大大地增强了，其病情指数比一般青椒减轻了55%，维生素含量却比一般青椒提高了20%，而且亩产量达到了5000千克，最大的青椒长到了每个400克。当然，像这样的例子还有许多。

太空制药

在太空特殊的环境下，可以高效率地生产许多地面上难以生产或难以大规模生产的昂贵药物，所以说太空是一个大的药品加工厂一点儿也不过分。

空间制药是空间材料加工最容易获得经济效益的产业之一，而且是对人类最有现实意义的产业之一。

地球上生产药物，虽然做了各种预防措施，但还是很难避免受到微生物、有害气体以及尘埃的污染。然而太空却是一个无菌、高真空、高洁净的世界，在这里制造药品可以免受污染，使药效得到更好的发挥。当然太空制药的最重要意义还不在于此，而是在于药品的高度提纯。

现在制造高纯度的特效药品一般都采用电泳法。所谓电泳法就是让含有生物物质的溶液，在两片带电的极板之间的槽中流过，由于不同的生物物质在溶液中所带的电荷不同，因此，它们沿着不同的路线流动。这样，就把细胞、血球、酶或干扰素等不同的生物物质分离开来。

在地面上使用电泳法提纯生物物质，由于重力的作用，液体内各部分的温度是不均匀的，一部分较热，另一部分则相对较冷，热的液体上浮，冷的液体下沉，形成了对流。对流是破坏电泳法高效提纯药物的大敌，因此，地面上很难使用电泳法得到理想纯度的药物。在地面上虽然也可利用超高真空来制取少量的高纯度药物，但产量很低，为了取得1克的生物物质，往往需要用几十千克的原始材料，所以价格昂贵，不是一般患者可以接受的。而且，就是这样高价生产出来的提纯药品，其质量也不是很稳定，难以保证药效。

然而在太空得天独厚的环境下，人们几乎可以用电泳法任意提纯药物而不受干扰，顺利分离生物中的各种有效物质。与地球相比，在太空提纯同一种药物，其纯度可以提高5倍，提纯速度可以提高400~800倍。

空间制药可以大大地提高药物的纯度和产量，以上数据意味着太空中一个月的产量相当于地球上30~60年的产量，这是一个多么惊人的数字呀！

太空药品纯度和产量的提高，还大幅度地降低了提纯药品的成本，特效药将成为一般患者也可以随时使用的药品。

激素是人体协调各个器官组织功能的重要分泌物，通常对于缺乏激素的疾病，都采取注射的办法，利用动物或人腺体的提取物加以治疗。

由于一般激素只能通过注射的方法进入人体，因此，对激素药物纯度的要求极高。而随着人们生活水平的提高，各种激素缺乏类疾病发病率也越来越高，激素类药品的要求量越来越大。所以光凭地面制药厂越来越难以满足人类的需求。

糖尿病是困扰人类的难以根治的激素缺乏类疾病之一，据报道，世界上有6000多万糖尿病患者，其中多数需要每天注射胰岛素来维持生命。按平均用量计算，如果每人每天需要2毫克胰岛素注射液，那么全世界一天就需要12000多万毫克胰岛素注射液，这还是最保守的计算。即使这样，地面药品加工厂也根本无法满足这些患者的巨大需求。在太空中利用连续电泳法，可以有效地将胰B细胞与其他细胞分离开来。临床试验充分表明，如果将这些细胞移植到人体内，就能持续地产生胰岛素，使糖尿病患者从根本上得到治疗。这样不仅可以解决地面胰岛素产量不够的问题，而且有可能从根本上治疗糖尿病这一困扰人类的疾病。

太空制药可以制造许多我们目前在地面上无法制造的特效药，而且产量大，质量好，是太空科技发展最有潜力的一项产业，一旦大规模正式投入生产，可以给人类带来意想不到的益处，也许可以使人类永远摆脱某些病魔的困扰，真是仙药天上来！

太空矿产资源

大家都清楚，在有限的地球空间里，人口的密度在不断地加大，而过度开采造成的资源匮乏和能源短缺一直在威胁着人类的生存，有远见的人们开始为子孙后代担忧,人类一直在寻求出路。

现在,载人航天为我们展现了一个美好的前景:通过不同手段的探测,人类了解到地球以外其他星球上有着丰富的矿物资源,而载人航天的发展使得这些资源归为我用成为可能,也就是意味着人类的资源危机将在不远的将来得到缓解。

太空中除了地球还有无数的星球,这些星球上都有它们特有的资源可以供人类利用。远的不说,下面就具体说一下地球的姊妹星球——月球。月球是地球唯一的卫星,是地球的近邻与伙伴。人类要想解决所面临的资源枯竭的问题,就必须首先认真考虑如何利用月球资源。

自从1969年7月21日,"阿波罗11"号载人航天飞船上的宇航员阿姆斯特朗走下登月舱的扶梯,在月球的土壤上印下人类的第一个脚印开始,人类就开始了对月球的真正探索与研究。

月球具有丰富的物质资源,月岩中含有地壳中含有的全部元素和60多种矿物,另外,月岩中还有6种地球上所没有的矿物。

被人类看好的未来矿产源头——月球

在月球的土壤中,氧占40%、硅占20%、铝占6%~8%、镁占3%~7%、铁占5%~11.3%、钙占8%~10.3%、钛占5%~6%,这些都是月球上含量比较高的元素,也正是人类比较缺乏的元素,如果可以大规模开发,将大大地解决人类的资源匮乏问题。

另外,月球上还有钠、钾、锰等元素,虽然含量没有上述几种元素高,但就整个月球的含量来看,也是很可观的。月球上还有锆、钡、钪、铌等稀有珍贵金属元素,这些更是不可多得的财富。

科学家们把从月球上带回来的土壤样品加热到2000℃后,发现有惰性气体从土壤中逸出,其中有氦、氩、氖、氙等放射性粒子。月球中还富含地球上所没有的能源氦-3，这是核聚变反应堆的理想燃料。

月球上最奇特的就是"纯铁"了。从月球带回的岩石标本上有一层很薄的无锈铁薄膜，开始科学家们认为，如果让这些铁处于地球氧条件下，它一定会马上被氧化腐蚀。但是，试验结果证明，这种铁即使在地球高氧空气条件下也不会被氧化，是所谓的"纯铁"。

"纯铁"对人类生活的现实意义非常重大，因为，每年全球由于金属的氧化腐蚀所造成的损失已成为了一个天文数字。如果可以在月球上生产"纯铁"，在地球上大量使用，不仅可以弥补地球生产上的一个空白，还可以避免金属氧化造成的巨大损失，可以获得很大的经济效益。这可以说是载人航天对人类做出的又一个巨大贡献。

月球上矿藏丰富，开采月球天然矿藏是人类解决资源危机的有效方法，具有广阔的前景。而在月球资源的大规模开发中，载人航天的发展是最重要的一步。

太阳能资源

太阳能对于人类来说并不稀奇，由于地球资源的日益匮乏和日益严重的环境污染问题，人类早已将眼光投向了这个取之不竭又清洁无污染的新型能源。

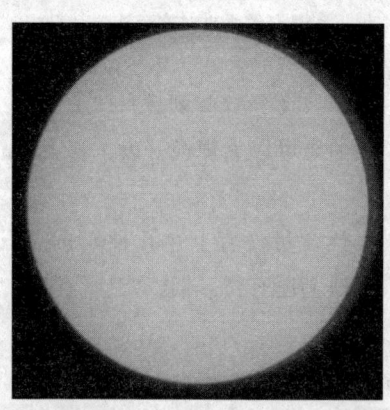

太空中有着丰富的太阳能资源

然而，在地球上收集太阳能要受到这样那样的限制和阻碍。例如，地球大气层对太阳光的吸收和反射、散射等就阻挡了大部分的太阳光到达地球，而且，在地面上收集太阳能还要受阴雨天气以及昼夜变换的限制，非常不方便，且效率很低。

从太空直接利用阳光来发电就没有这么多的麻烦了。在太空直接发电，由于不受昼夜限制，而且避开了大气层和云雾对太阳光的吸收、反射、阻隔，效率可以是

开发太空

地面太阳能发电的 5～10 倍。太空中的阳光不仅可以用来发电，还可以直接反射回地球为人类造福。1993 年 2 月 4 日，俄罗斯用已经完成任务的"进步 M15"号货运飞船进行了"人造小月亮"的试验。"进步 M15"号张开一张直径 20 米的伞状阳光反射器，用以向地面反射阳光，在地面上看到其亮度比一轮满月还亮。

"进步 M15"号的试验证明，利用太空飞行器向地球反射太阳光是完全可能的。在地球同步轨道上用多个反射镜向地面上一个地区反射阳光，可以在夜晚为城市或野外作业工地提供照明。还可以增大反射镜的面积，增加光照强度，形成所谓的"人造小太阳"，延长高寒地区的日照时间和无霜期，提高农作物的产量。

对太阳能的开发和利用是挖掘太空能源的又一个重要方面。

重　力

由于地球的吸引而使物体受到的力，叫做重力，生活中常把物体所受重力的大小简称为物重。重力的单位是 N，但是表示符号为 G。公式为：$G = mg$。m 是物体的质量，g 一般取 $9.8N/kg$。在一般使用上，常把重力近似看作等于万有引力。但实际上重力是万有引力的一个分力。重力之所以是一个分力，是因为我们在地球上与地球一起运动，这个运动可以近似看成匀速圆周运动。我们做匀速圆周运动需要向心力，在地球上，这个力由万有引力的一个指向地轴的分力提供，而万有引力的另一个分力就是我们平时所说的重力了。

太空生物实验的收获

自 1957 年 10 月 4 日前苏联发射了世界上第一颗人造地球卫星以来，人类活动范围从陆地、海洋、大气层扩展到宇宙空间，从此，宇宙空间成为人类的第四疆域。而人类发展空间技术的最终目的则是开发太空资源。而要开发太空资源，首先要在太空进行生命科学和宇宙医学研究，以深入了解太空环境对地球上各种生物的影响。

我们知道，太空环境最显著的特点是失重。多年来，科学家将多种生物随着航天器带入太空，进行失重生物学的实验研究，并取得了不少成果。

研究表明，太空失重环境对生物生长的影响很多，而主要则分以下6个方面。

（1）影响生物正常生长的机理

20世纪60年代，在前苏联"宇宙110"卫星上，前苏联科学家装载了两只小狗，在太空中飞行了22个昼夜后，发现它们的水盐代谢，特别是钙的代谢功能被破坏，肌肉萎缩，血液成分改变，心血管系统功能也受到影响。但是，这些影响并没有危及小狗的生命，当它们回到地面后又进入了正常的发育状态。研究发现，植物在太空中受失重的影响，改变了根向地和茎背地的习性；同时，由于航天器每天绕地球14～16圈，昼夜交替很快，破坏了原有的正常生长的机理。但是，当这些植物返回地面后，却又恢复了原有的生长习性。这些太空生物实验说明失重环境对生物的影响有可逆性。

（2）太空失重环境影响生物的遗传性

在1962年8月和1964年10月，前苏联科学家在"东方3"号和"上升"号宇宙飞船上搭载了紫跖草，发现紫跖草在细胞分裂时染色体的性状遭到破坏。美国科学家则在太空失重的环境中辐射谷盔甲虫，发现它在发育过程中基因突变的频率增加。1987年8月中国在返回式卫星上搭载种子，返回后经地面种植，也发现了种子诱变的情况，产量增加。例如，江西宜丰县播种卫星搭载过的水稻种子，经6年培育，水稻穗多、颗粒大，亩产达600千克，最高达750千克，蛋白质的含量增加8%～20%，生长期平均缩短10天。在黑龙江播种卫星搭载过的青椒种子，经几年优选，也达到高产、优质，单果从90克提高到160克,有的达到300~400克,亩产4000~5000千克,是对照组产量的两倍,维生素含量提高20%。卫星搭载的西红柿种子,当代的发芽率比地面的种子低,而栽种后的长势比地面的强,到第二代就全面优化,经过5年的种植,其平均产量提高20%以上。

(3) 太空失重环境使生物生长过程变化很大

在失重环境下,有一些生物的生长速度变得缓慢。1994年9月8日,日本航天员把4条青鳉鱼和340颗青鳉鱼卵带到太空。结果是,从地面上带到太空的鱼卵经过4~5天就孵出了鱼苗,而青鳉鱼在太空产下的鱼卵过了13天才开始孵化。看来在太空孵化养鱼没问题,但在太空中鱼的繁殖却很慢。

而另外一些生物的生长速度却加快。1990年12月,俄罗斯科学家曾把人参组织培养基带到空间站,进行太空培植实验,10天后发现人参在太空的生长量已相当于地面上一个月的生长量。还有,在太空中蚕蛹孵化成成虫、产卵、再孵化成幼蚕的时间比地面缩短两个月。许多微生物的生长速度要比地面快得多,有的生长速度甚至提高了400倍。

(4) 失重环境会影响生物机体的形状和功能

研究表明,地面上的植物,其80%的能量用于茎的生长,而在太空空间站的温室中植物几乎没有茎,但是叶更加茂盛,果实更加丰硕。1975年,前苏联科学家在"礼炮"号空间站种植了一批豌豆,发现豌豆的幼芽总是朝着明亮的地方生长,而新生的根和茎却朝着相反的方向生长,苗的生长期很短,不久就枯萎。

1985年4月,美国科学家在"空间实验室3"号上放置了12只出生仅

前苏联科学家在"礼炮"号空间站曾种植了一批豌豆

56天的幼鼠，经过7天飞行后，发现幼鼠的前脚重量减少了14%，腰骨的重量减少了7%，前脚抗弯曲的强度也减弱了28%。

（5）失重与辐射的综合影响

在失重和太空辐射的共同作用下，植物品种会发生变异，动物机体会发生变化。如家鼠的造血器官和淋巴组织的变化要比仅处于失重状态下的变化更加剧烈，有的家鼠的肺部出现点状出血现象。

（6）失重对生物节律的影响很明显

1990年12月2日，日本航天员将6只2～3厘米长的雨蛙带上航天飞机。这种雨蛙背绿腹白，体侧有黑斑，趾的末端有吸盘，趾间有蹼，因而它们在太空失重状态下能平稳行走，跳动自如，既能向前跳，又能向后跳，但很少吃东西。

日本航天员曾将雨蛙带上航天飞机

1991年6月，美国航天员将2478只水母带上航天飞机，研究水母的生活和动物的定向能力。水母在太空很活跃，不停地搏动身体，但行为异常，在水中不停地转圆圈。

1992年9月，美国航天员将12枚已受精的青蛙卵带上航天飞机，结果孵化出7只蝌蚪。这些小蝌蚪行为很怪，在水面上窜来窜去，飞快地转圈游动，不停地摇动尾巴或前后翻滚。

而前苏联航天员则在"和平"号空间站进行了孵化鹌鹑蛋的试验，鹌鹑孵化出来后，不能抓住铁笼的铁丝，在笼内挤成一团，最后因营养不良而死亡。

在"和平"号空间站上收获小麦

1990年12月,俄罗斯科学家在"和平"号空间站试种过一批小麦,但结果并不理想,生长期远远超过地球上的生长期,只生长却没有收获。后来在1996年12月,俄罗斯和美国科学家合作成功地在"和平"号空间站的暖棚里培育并收获了第一批太空小麦。这块麦田只有900平方厘米,收割了150多穗。这批墨西哥矮小型杂交小麦从播种到成熟只有97天。这证明生物在太空站内是可以生长发育的,为人类未来在星际旅行时解决食品问题走出了可喜的一步。

"太空植物园"试验

我们知道,要在太空长期居住先要解决食物问题。为此,科学家正在开展"太空植物园"的试验,准备在太空建造一座农场,种植各种植物,饲养动物。

虽然美国的"生物圈"试验以失败而告终,但美国科学家在佛罗里达州迪斯尼乐园附近建造的一座生态研究中心正在研究太空农业开发项目。他们将从月球上带回的土壤制成"月土",栽培植物,以了解月土中哪些成分可供植物生长。

1984年,前苏联曾在仿造太空飞行条件的装置内,放入人工土壤。这种人工土壤是两种塑料的混合物,很像沙土,其中含有15种养分。在这种人工土壤中栽培植物,植物的生长周期大大缩短,产量明显提高。例如,在普通土壤中,每平方米的面积上70天产1千克萝卜;而在人工土壤中,每平方米的面积上21天就可产10千克萝卜。这一试验基本上解决了太空农场的土壤问题。

"太空动物园"试验

1992年9月,日本科学家曾进行过太空动物饲养试验。他们将果蝇带到太空中,其中有1/10在太空死掉了,其余的被带回地面,后代在地面上一样生长发育。将受精的青鳉鱼卵带往太空,鱼卵照常孵化。

为了能在太空养鸡,莫斯科航空学院的学生成功地设计制造了太空孵化器和饲养装置,并已收获了 200 只成年鸡。人们正在进一步为在太空饲养鸟类、哺乳动物进行试验,以期在太空中营造一个植物茂盛、鸟语花香的新世界。

日本曾将果蝇带进太空进行动物饲养试验

失 重

　　失重就是物体对支持物的压力小于自身的重力。所谓重力,是物体所受天体的引力。引力的大小与质量成正比,与距离的平方成反比。就质量一定的天体来说,物体离它越远,所受它的引力越小,即重力越小,在足够远的距离上,它的引力可以忽略不计。但宇宙中不止一个天体,众多天体的引力会形成一个引力场。因此,太空不会是失重环境。当然,就局部地区来说,如在地—月系统中,只考虑地球与月球的引力,在地球与月球之间的某些点上,地球与月球的引力相互抵消,重力为零。在日—地之间也有引力平衡点。绕地球飞行的载人飞船,离地面一般只有几百千米,那里的太空当然不会是零重力环境,即使在 36000 千米高空绕地球飞行的航天器,其周围太空也不会是零重力,而只能是轻重力,即重力比地球表面上轻。利用飞机作抛物线飞行或利用自由落体原理设计的失重塔只能提供短暂的失重。航天器在环绕地球运行或在行星际空间航行中处于持续的失重状态。在环绕地球运行的轨道上,实际上只有航天器的质心处于零重力,其他部分由于它们的向心力与地球引力不完全相等而获得相对于质心的微加速度,这称为微重力状态。航天器上轨道控制推进器点火、航天员的运动、电机的转动以及微小的气动阻力等都会使航天器产生微加速度。因此,航天器所处的失重状态严格说是微

开发太空

重力状态。航天器旋转会破坏这种状态。在失重状态下,人体和其他物体受到很小的力就能飘浮起来。长期失重会使人产生失重生理效应。失重对航天器上与流体流动有关的设备有很大影响。利用航天失重条件能进行某些在地面上难以实现或不可能实现的科学研究和材料加工,例如生长高纯度大单晶,制造超纯度金属和超导合金以及制取特殊生物药品等。失重为在太空组装结构庞大的航天器提供了有利条件。

从空间改变气候

我们知道,全球变暖正在成为一种趋势。为此科学家告诫人们,如果对此不设法加以制止,长期下去,两极冰盖将会逐渐融化,海平面升高,而沿海城镇将有被淹没的危险。与此同时,大气环流与海洋水流也会发生变化,使地球气候出现异常现象,这将有可能给人类带来不可估量的灾难,甚至威胁到人类的生存。

随着航天技术的发展,航天科学家提出了造福人类的"空间气候工程",即利用空间科学技术来控制、改变地球的气候。目前,科学家提出的方案有:

(1) 在空间支起"太阳伞"

科学研究表明,要解决目前气候变暖的问题,只需要把照射到地球的太阳光遮挡掉3%即可。按照计算,在空间支起一把"太阳伞"的伞面积需要有2000平方千米左右,伞面要用薄如蝉翼的金属薄膜或塑料薄膜制造。

如此庞大的伞面应该如何制造、运输和安装呢?这个庞大的伞面由4万个单元拼接而成,每个单元都有一个由计算机和制动器组成的自

科学家们认为塑料薄膜是制造"太阳伞"的理想材料

动控制机构,用来调节其位置和方向。这把太阳伞是依靠太阳光压和星球引力维持在空间规定的位置上,而事实上这个空间位置也不是任意选择的。

据研究,这个空间位置应位于从地球至太阳距离的1%处的点上。在这个点上,任何物体相对于太阳、地球和月亮的距离始终是保持不变的。这样,在这个空间位置上,就可以保证太阳伞具有恒定的遮蔽效果,并且不会影响其他的空间活动。被遮蔽的空域仅仅相当于蒙上一层隐隐约约的薄雾,对人类生活和植物生长没有任何影响。

(2) 在空间制造"尘埃云"

宇航科学家提出:如果在位于地球至太阳距离的1%处的某点位置上,设法飘浮一片尘埃云,用它来遮挡太阳光,也是一种行之有效的方法。

在空间制造"尘埃云"的材料可取自月球

采用这种方法所用的尘埃可以取材于月球。把装有月球尘埃的若干个圆筒发射到空间规定的位置上。在每个圆筒内,除装有月球尘埃外,还装有一定量的炸药。

当圆筒抵达规定的位置时,让炸药爆炸。依靠炸药的爆炸力使尘埃扩散开来,制造成一片永久性的、具有一定密度的尘埃云,用它来遮挡阳光。

令人担心的是,如果这些尘埃进入地球,对地球会有什么影响?科学研究的结果表明:即使这些尘埃每年散失1%,并且全部落入地球的话,也只相当于通常行星星际尘埃的流入量,不会给地球构成明显的危害。

(3) 在空间竖起"反射镜"

有的科学家提出,在空间安置一面反射镜,把部分太阳光集中反射到某个局部地区,就能改变这个地区的气候状况。例如,由于高空云层能阻挡地球向空间散发热量,会使地球表面越来越热。人们利用空间反射镜,就能把太阳光集中反射到高空云层上去,让云层逐渐受热而散开,这样就能加快地表热量的散失而降低地球上的温度。

又如,我们也可以利用空间反射镜,把太阳光反射到南、北极的海区,促使那里浮游生物生长。这样,浮游生物就能不断地从大气中摄取大量的二氧化碳,这不仅会减少温室效应,而且能使浮游生物的产量增加,有利于海洋生物和渔业生产的发展。

(4) 在空间编织"激光网"

上述的3种方法,都是在太空设置庞大的遮蔽物以遮挡阳光。世上的事,不怕一万就怕万一,万一出了故障,容易造成过多的太空垃圾。为此,有的航天科学家提出建议:向太空发射多颗人造地球卫星,并且从卫星上发射激光,形成"激光网",让太空中对海面温度颇有影响的红外线发生变化,以阻止气候变暖。

根据这一设想,美国科学家提出了一个具体的实施办法:发射4颗人造地球卫星,在卫星上配置激光发射装置和巨大的反射镜,4颗地球卫星上发射的激光互相碰撞。这样,当太空中红外线通过时,就会被与红外线能量相当的激光网阻挡,发生折射并照到海面上。于是,海面温度便人为升高,产生气流,兴云播雨,以此调节地球上的温度。

科学家们设想用激光网为地球降温

空间天气

空间天气是一个近地空间环境变化的概念。它与行星大气层内的天气截然不同，涉及空间等离子、磁场和辐射等现象。"空间天气"通常与近地空间磁层紧密相连，但其也研究行星际空间的变化。在我们的太阳系内，空间天气主要受太阳风的风速和密度以及太阳等离子体带来的行星际磁场三者的影响。各种各样的物理现象都与空间天气相关，包括地磁风暴和亚暴，在范艾伦辐射带的电流，电离层扰动和闪烁，极光和在地球表面的磁场变化诱导的电流等。日冕物质抛射及相关冲击波，也是空间天气的重要动力，因为它们可以压缩地磁层和触发地磁风暴。太阳高能粒子，日冕物质抛射或由太阳耀斑加速，也是对空间天气的重要驱动力，因为它们可以破坏航天器电子设备，并威胁到宇航员的生命。空间天气对空间探索和发展这些领域产生深远的影响。地磁的变化可引起大气密度的变化导致低地球轨道航天器的高度迅速降低。由于太阳活动引起的地磁风暴能够致盲航天器上的传感器并干扰机载电子设备，对于人造航天器的防护系统的设计来说了解空间环境至关重要。磁暴同样会增加高空飞行情况下飞机乘务员的辐射量。

空间天气是一个全新的概念，太阳上出现的耀斑和日面物质的抛射等剧烈活动，给地球磁层、电离层和中高层大气，卫星运行和安全，以及人类健康，带来严重影响和危害，人们把这种由太阳活动引起的短时间尺度的变化，称为空间天气。

空间发电站

研究表明，太阳上的核聚变反应，把巨大的能量投射到茫茫的宇宙空间，也投射到地球上，每一秒钟就等于把550万吨原煤运送给地球，然而这只占太阳辐射能的二十亿分之一。

开发太空

在宇宙空间建立发电站——大型卫星太阳能电站的设想，经过多年酝酿，已逐渐成熟。在地面和轨道上进行的实验研究提供了可靠的设计资料。因此，现在积极进行的卫星电站计划，无论在规模和建造途径上，都和早期提出的方案有所不同。

1968年，美国工程师彼得·格拉塞尔提出了在空间建立卫星太阳能电站的大胆设想，一时舆论为之哗然。有人讥笑说，这不过是一个空间乌托邦式的幻想。事隔不久，波音公司公布卫星太阳能电站的第一个设计。由于空间技术和电能转换材料的进步，人们开始看到这个计划的现实性和它对地球能源革命可能带来的深远意义。

卫星太阳能电站是在距地球约3.6万千米高空绕地球转动的一颗人造卫星，绕地球一圈的时间，与地球自转周期相同，正好是23小时56分4秒。因此从地球上看，它仿佛总是停留在固定的位置上，所以叫做地球同步卫星。

生活在地面上的人们，很难看到真正的阳光充沛的场面，因为只有64%的阳光照射到地面上，其余全部被大气层吞掉了，何况还会经常遇到云遮雾障的情况，接收到的太阳光更少。而在宇宙空间，无云雾干扰，无昼夜之分，可以无休止地接受灼热阳光的强烈照射。

与建造在地球上的太阳能电站比较，卫星太阳能电站还有下列优点：

①地球上接受的太阳能受地理纬度的影响很大，赤道是地球上日照最充沛的地方，接收到的太阳能也只及宇宙空间得到的太阳能的1/6。

②地球上日照时间只占全天24小时的一小部分，而同步轨道卫星一年之中有275天全天24小时日照不断。只有90天出现被地球挡住阳光的机会，何况一天之内最多不超过72分钟，可见卫星太阳能电站效率比地面电站高得多。

设计中的卫星太阳能电站像一座在宇宙空间浮动的岛屿，在耀眼的阳光下不分昼夜地连续工作，为地球居民提供巨大的能源，而对地球没有任何损害和污染，这种电站是何等理想啊！

卫星电站的原理是利用大面积太阳能电池板将太阳能转换为电能。一个卫星电站所用太阳能电池板的面积达100平方千米以上，所以产生的电能也是相当惊人的：200万~2000万千瓦。地球上最大的水力发电站也无法和它比拟。

要把这样多的电能从几万千米的高空传输到地面，采用电缆是无论如何也行不通的，唯一的办法是使用微波传输。微波传输系统由4个基本部分组成，即：直流—微波转换系统、发射天线、地面接收天线、微波—直流转换系统。整个系统的效率为55%~65%。微波传输系统的核心是几十万个特高频功率管组成的发射天线，它可以把高压直流电转换成微波能，对准地面接收天线发射，像雷达天线发射电波一样。发射微波的最佳频率为2~4千兆赫，相当于波长7.5~15厘米。

这样，在宇宙空间和地面之间建立起一条看不见的巨型电缆。在地球一端，地面接收天线阵是一群蜂窝式排列的建筑物，由背衬金属的半波偶极子组成，能捕获微波能量，经固体二极管整流，接入高压直流电网，供给用户。地面接收天线阵分布在直径13×9.5千米的椭圆区内，面积也为100平方千米，蔚为壮观。椭圆中心的微波能为23毫瓦/平方厘米，边缘为1毫瓦/平方厘米。

卫星太阳能电站是一个庞然大物，总重在10万吨以上。如何将这样大的结构运送到轨道上进行安装和运行，的确是一个难题。现有的计划都是先将材料和人员送到距地面数百千米的低轨道上，然后再转运到高空的地球同步轨道上去。由于设计、材料和工作重点的不同，现在，提出了低轨安装和高轨安装两种方案。

低轨安装方案：这项方案的设计者是美国约翰逊空间中心和波音公司，计划建造一座输出功率为1000万千瓦的装置，太阳电池板面积21×5平方千米，两端各有一个外伸的发射天线，直径约1千米，全部重量10万吨。也可以建造500万千瓦级卫星电站，面积相应减少一半。主要结构用复合材料制造。太阳能电池板为硅和镓，整个结构分为8块，在距地球的低轨道上安装，然后分别转移到同步轨道去完成全部安装工作。

估计一座发电量1000万千瓦的卫星电站的建造期为一年，在此期间每天发射一次运载材料的轨道飞行器（航天飞机或运载火箭）。

高轨安装方案：杷歇尔空间飞行中心与洛克维尔国际公司制订了另一项计划。它们计划在地球同步轨道上进行全部安装工作。卫星电站的面积为 21.3×3.8 平方千米，呈盒形。全部结构由铝合金组成，重量为 3.7 万吨。镓太阳电池位于带反射面的凹槽中，反射面使太阳电池接受的太阳能增加一倍。它的发电量为 500 万千瓦，通过位于结构中部的直径 1 千米发射天线向地面传输。

反射镜

反射镜是一种利用反射定律工作的光学元件。反射镜按形状可分为平面反射镜、球面反射镜和非球面反射镜三种；按反射程度，可分成全反反射镜和半透半反反射镜（又名分束镜）。过去制造反射镜时，常常在玻璃上镀银，制作标准工艺是：在高度抛光的衬底上真空蒸铝后，再镀上一氧化硅或氟化镁。特殊应用中，由于金属引起损失可由多层介质膜代替。因反射定律与光的频率无关，此种元件工作频带很宽，可达可见光频谱的紫外区和红外区，所以它的应用范围愈来愈广。

空间站对接

事实上，载人空间站的交会对接可以说是空间站与其他的飞行器连接的唯一方法和手段，而且也是一个基本功。这还是一项极其复杂和要求很高的技术。因此，交会对接在载人航天技术中占有重要的位置。

事实上，无论是俄罗斯的空间站，还是美国的空间站，它们都不是长时间地单独运行，而是要与其他的飞行器组成一个整体，这就要靠交会对接技术来完成。

交会，是指使一个空间飞行器与另一个飞行器在规定的同一时刻、以相同的速度到达空间轨道上的预定位置的过程。说得再通俗一点，就好比两个人要共同完成一件工作，约好在什么时间、什么地点见面一样。对于空间站也是如此，交会只是使它们到了一起，以相同的速度和方向飞行，但是并没有连接在一起。而对接，则是指两个已经交会的空间飞行器通过彼此的专门机构使它们在结构上连接成一体的过程。只有可靠的连接并保证密封，才能打开舱门，才能进行宇航员的换班和物资的交接。可以看出，交会是对接的基础，美国、前苏联都进行了大量的工作和多次的试验才掌握了交会对接技术。

事实上，交会对接过程是发射一个飞行器与已经在轨道飞行的飞行器如空间站进行交会对接。我们通常把已经在轨道上飞行的飞行器比如空间站称作目标飞行器，而把要与这个飞行器对接的飞行器比如飞船或者航天飞机称作对接飞行器。实现两个飞行器的交会对接有很多的步骤和条件限制。

要想实现两个飞行器的交会，这便对对接飞行器的发射时刻提出了苛刻的要求，这是因为一个飞行器比如空间站已经在空间围绕地球飞行着。它有固定的轨道和轨道周期，在它围绕地球转动的同时地球也在不停地转动，而要与它进行交会的飞行器是从地球上发射，当它竖立在发射台上时就与地球一起转动。发射后，它要逐渐接近和赶上空间站也就是目标飞行器。那么，什么时间发射、发射后要按什么轨道飞行它们才能在规定的时间地点会合，这就不是随意的了。因此，什么时间发射就有了严格的限制，发射后它们之间的位置关系就确定了。

许多人认为航天器在交会对接时很危险。因为它们飞行的速度极快，在这样的高速之下对接航天器当然是件很危险的事。其实并非如此，航天器的高速度是它的绝对时速，这不会给对接造成任何危险，只有航天器与它所要对接的目标之间存在相对速度才有可能造成危险。而交会工作的任务之一就是让两个飞行器以相同速度飞行，也就是使它们的相对速度几乎为零，所以，只要相对速度掌握好，对接准确，即使它们的飞行速度再快也没有危险。

而交会对接则是个复杂的过程。概括起来，则可以把它分成4个阶段：

(1) 远距离引导

飞船发射入轨后与空间站在太空的相对位置就确定了。而它们的距离却相距很远，而且不在同一个轨道上飞行。因此，第一个工作就是远距离的引导，这主要靠地面的测控站与飞船上的测控系统配合进行。首先，修正由于火箭的制导精度给飞船带来的各种误差；然后，飞船在一定的位置加速使它从发射时的椭圆轨道进入一个更高的圆形的轨道，引导飞船不断地加速变轨，使它们之间的相对位置满足进行交会的最佳要求，并且不断向空间站靠拢，使两者的距离在100千米左右的范围内。

(2) 近距离引导

在这个阶段中，飞船及空间站上都装有各种无线电交会雷达设备及光学设备，并且在相互的作用范围内彼此看得见，依靠这些交会设备使飞船能够发现目标即空间站，并且加速跟踪它和逐渐地接近它，此时它们之间的距离已经越来越近了，近到在500米的范围内。

(3) 停靠阶段

当两个飞行器的距离逐渐接近在100~300米以内时，飞船以每秒1.5~3米的相对速度进入停靠阶段。此时的飞船相对于空间站而言，可能有位置和角度的偏差。因此，要进行上下左右的平移控制和角度的调整，并慢慢地向前靠，当到达大约100米的距离内飞船停止前进，此时两个飞行器的相对速度为零，一个在前，一个在后，一起在轨道上飞行。

(4) 壮观的对接时刻

此时它们之间的距离是如此之近，最后的关键时刻到了，两个飞行器在雷达和瞄准器的作用下慢慢地靠近，再靠近，最终相遇。当两个飞行器的对接机构接触后，对接机构的锁紧装置把它们拉住并逐渐地收拢锁紧，两个飞行器的对接面达到密封的程度，使两个飞行器紧紧地连接在一起。

事实证明，这个对接的过程是相当复杂和必须十分精确小心的。这是因为不光是两个飞行器到达一起就行了，在两个飞行器的对接面上有多个电缆的插头、插座，每一个插头上又有几十个插针、插孔，还有气体、液体的连接管路，都要一个不错地连接好。全部连接好之后的飞船和空间站已经联成一体，共同在轨道上飞行。然后，宇航员打开舱门，飞船上的宇航员进入空间站，而空间站的宇航员进入飞船，并把空间站上已经经过试验的装置装在飞船上，把飞船上从地面带上去的物品及新的试验装置送上空间站，进行交接和换班。

所以说，交会对接是一项极其复杂的技术，为了掌握交会对接技术，俄罗斯自家的空间站之间，飞船与空间站之间进行过多次的试验，美国人同样如此，俄罗斯和美国也做过联合飞行，完成交会对接任务。

美国、前苏联两国飞船对接记

据史料记载，美国与前苏联在1972年签署了空间探索合作的双边协议。而1975年7月，两国航天员则分别乘"阿波罗"号和"联盟"号飞船进行首次太空对接试验。美方参加的有"阿波罗"飞船指令长汤姆逊·史坦福，航天员多纳尔特·史拉通和万斯·勃朗特；苏方参加的是"联盟"号飞船指令长阿列克赛·列沃诺夫和航天员万来列·库巴索夫。

这次太空对接是两个航天大国从自己的利益和彼此需要出发认真进行的一次合作。主要目的是要看一看，两国的载人航天飞船是否能在空间进行对接和怎样才能进行对接，这对轨道救援工作有重大意义；其次还希望共同在空间物理学、材料科学、医学与生物学等方面做一些科学技术试验，双方都想从试验中获益。

由于美国和前苏联是完全独立地发展自己的载人航天飞船的，双方还希望通过对接的机会，实地考察一下对方的飞船技术状况，这无疑是有极大好处的。要合作，就必须让对方在一定程度上了解自己，这对竞争来说则是不利的，所以在对接成功之后，其中有一方考虑到技术保密，中止了继续进行空间合作的协议。

开发太空

事实上，如果想使得"阿波罗"号与"联盟"号飞船在空间轨道上实现对接，不是一件易事，需要解决许多棘手的技术问题。

首先，要进行对接，就意味着两飞船在太空应能互相找得着；

第二，要确定空间两飞船交会坐标。然而，"阿波罗"号和"联盟"号两飞船的雷达搜索和集合系统实际上是不相容的。两飞船的对接舱，总的说来也是不同的。两艘飞船舱内航天员维持生命所必需的大气更是互不兼容："阿波罗"飞船用的是一个 260 毫米水银柱压力的纯氧大气；而"联盟"号拥有压力为 760 毫米水银柱正常的地球大气。单是这个问题就排除了两国航天员简单地从一艘飞船进入另一艘飞船作互访的可能性。

而在弹道专家面前也有着一些困难。例如，前苏联的专家在他们的计算中使用的坐标系统和美国专家用的坐标系统是不一样的；莫斯科的飞船地面测控中心工作时用莫斯科时间，而设在美国休斯敦的中心则是使用飞行时间，也就是飞船发射时刻起始的时间；前苏联的科学家度量用米制单位，而美国使用传统的英制单位。所有这些问题是怎样解决的？显然没办法一一介绍。这里仅介绍一下两国航天员互访时，大气过渡是怎样解决的。

参加对接试验的"阿波罗"和"联盟"号飞船基本结构变动都不大，为解决两艘飞船座舱内大气环境的不同，科学家们还专门设计了一个对接过渡舱作为两船的过渡段。它是一个长 3.15 米、直径约 1.42 米的由厚铝板构成的圆柱体，两端分别可以与两艘飞船对接，两船对接好后它便构成航天员互访时的通道。过渡舱外带有两个气瓶，舱内设有无线电通信和电视设备、温度控制系统以及显示大气成分和压力的设备等。

两飞船完成对接后，航天

飞船对接示意图

员互访的程序是这样进行的：

首先，两名美国航天员（另一名留在"阿波罗"座舱内）进入对接过渡舱，经25分钟，舱内转变为一个大气压的普通空气之后，两人便进入"联盟"号访问。访问约数小时之后，他们再回到对接过渡舱。为了防止低压症，两个人要在一个大气压的条件下，在这里呼吸纯氧两个小时，用以排除血液中的氮气，再经25分钟，舱内气压转变为0.35大气压纯氧，然后才回到"阿波罗"号飞船的座舱。第二天，一名前苏联航天员（另一名留在"联盟"号内）仿此程序进行回访。至此，互访就算完成了。

对接中的所有其他技术问题，在美、苏两国所有参与对接人员的友好和通力合作下，都获得了很好的解决。"阿波罗"号和"联盟"号飞船的空间对接取得圆满成功。

"联盟T13"号飞船如何与失控的"礼炮7"号空间站进行对接的

第三批航天乘员结束"礼炮7"号—"联盟T12"号空间站复合体的工作之后，自1984年10月2日起，"礼炮7"号空间站工作在自动方式状态。在5个月的时间里，地面测控中心定期和它进行无线电联系，工作均很正常。

可是，最后的一次会期，发现空间站处理地面命令的发射接收设备有故障，导致和"礼炮7"号的所有无线电联系中断。地面得不到空间站系统状态和遥测信息，不再有可能通过无线电频道有效控制空间站位置、启动其高度控制设备和发动机，以保证自动汇合以及运输飞船和它的对接。

很明显，只有太空航天乘员才可能恢复空间站的正常功能。为此，①必须算出运输飞船已经接近寂静的空间站天线方向图。一般说来，空间站无线电信号作为航天员的信标。②航天飞船和航天员乘务组准备进行一次飞行来完成这一困难工作。为此，飞船需要配置附加设备。然后非常重要的是拟定一个新的弹道汇合方向图，并和测控中心进行会期训练。

地面雷达设备用于测定空间站的现在轨道位置，其足够的测量精度用于计算和预测空间站的运动参数，这些信息使得可能引导运输飞船到达空间站所在区域；地面观测表明，空间站稳定飞行，没有自转和翻转现象，是非常重要的。因为快速转动的空间站，运输飞船是不可能与其进行对接操作的。

由地面拟定的运输飞船接近"礼炮7"号空间站的方案是按下列顺序进行的：在距离空间站大约10千米处，航天员用光学仪器使运输飞船的一个轴

用于测定空间站轨道位置的地面雷达

对准空间站。在地球视线这边，空间站像一颗异常明亮的星照耀着黑色的天空背景。一旦飞船轴对准了空间站，其信息便输入船上计算机。几个这种信号送入船上计算机内存，计算机便"知道"船的确切位置，使飞船在接近空间站轨迹上接收数据，计算机能控制轨迹修正量使飞船接近空间站。

当飞船离空间站只有2~3千米时，如果交会正常，航天员将对飞船进行控制。在接近站后，飞船应围绕它飞行到达对接舱并靠近。为此拟定了所需要的计算方法，很多数据进入计算机内存，使飞船能完成这些调度。航天员带上专用光学导航仪器，一个激光测距器和一个夜视仪。夜视仪在飞船进入地球阴影之前尚未接近空间站时使用。飞船必须"悬浮"在空间站上面，对空间站保持一定距离，既要在视线内，又不要撞上它。

运输飞船和航天乘员组的准备工作是在1985年3月开始的。航天乘员包括弗拉基米尔·捷尼贝可夫和维克多·塞维尼克。弗拉基米尔曾4次航天，是很有经验的航天员，他曾进入开放空间，特别重要的是他有过人工对接的经验。1982年前苏联和法国联合飞行期间，他显示了高超的技能。维克多曾致力于空间站的设计，他知道空间站的每一个部位，同样，他也不是第一次航天飞行。1981年他曾在"礼炮6"号工作、停留过75天。

6月6日"联盟T13"飞船载着弗拉基米尔·捷尼贝可夫和维克多·塞维尼克进入轨道。6月8日早上它来到离空间站大约10千米处。弗拉基米尔将飞船侧轴对准空间站并且通过返回舱的舷舱对它进行观察；同时维克多·塞

维尼克用他的命令将信息送入计算机。最后的轨道校正调度是自动进行的。在"礼炮7"号空间站离飞船2.5千米处，航天员对飞船手控。在船站间距离为200米时，"联盟T13"停止接近并悬浮。航天员记录下飞船接近空间站的照明条件，发现并不理想。于是他们和地面测控中心商量，测控中心同意接近，使飞船更靠近空间站。弗拉基米尔·捷尼贝可夫驾飞船围绕空间站飞行，把飞船引到对接舱，实现对接并获得成功。地面测控中心全体当班人员看到此情此景，发出热烈掌声和喝彩。

参加这次非常困难的交会和对接的专家们认识到，这是具有根本性重要意义的技术成就，它远远超出完成这次交会对接任务本身的意义，对今后载人航天飞行的发展有重大影响。这次对接成功的事实证明，人类不仅可能接近要检查和修理的失效卫星，而且可能援救因技术原因不能返回地球的载人航天飞船的乘员。

宇宙飞船

宇宙飞船是一种运送航天员、货物到达太空并安全返回的一次性使用的航天器。它能基本保证航天员在太空短期生活并进行一定的工作。它的运行时间一般是几天到半个月，一般乘2到3名航天员。

世界上第一艘载人飞船是前苏联的"东方1"号宇宙飞船，于1961年4月12日发射。它由两个舱组成，上面的是密封载人舱，又称航天员座舱。这是一个直径为2.3米的球体。舱内设有能保障航天员生活的供水、供气的生命保障系统，以及控制飞船姿态的姿态控制系统、测量飞船飞行轨道的信标系统、着陆用的降落伞回收系统和应急救生用的弹射座椅系统。另一个舱是设备舱，它长3.1米，直径为2.58米。设备舱内有使载人舱脱离飞行轨道而返回地面的制动火箭系统，供应电能的电池、储气的气瓶、喷嘴等系统。"东方1"号宇宙飞船总质量约为4700千克。它和运载火箭都是一次性的，只能执行一次任务。

空间站的奥秘
KONGJIANZHAN DE AOMI

我们知道，人类对航天的热衷，目的并不是创造辉煌和谱写史诗，而是为最终全面、深入地开发和利用宇宙资源。

为实现这一目的，一方面必须发展一种通向太空的运输手段；另一方面就是要建立永久性的航天基地。空间站就是向着这种永久性航天基地发展的过渡形式。

空间站是在太空飞行的大型载人航天器，又称为轨道站或者是轨道空间站，它是一种可以供多名宇航员居住和工作的大型载人航天器，是人类在太空开展航天活动的重要基地，它在太空飞行而不再返回地面，因此它就好像是一艘不返回的"航空母舰"，也是我们建立在太空的"地球村"。

事实上，说空间站是人类设在太空的地球村一点儿也不夸张，而且这个村的住户还经常流动，一批人进住，另一批人返回，不同国家的人员都相继访问这个"地球村"，随着科学技术的不断发展，这个"地球村"会不断扩大。

空间站的划分

从广义上分，空间站可分为单一式空间站和组合式空间站。

从空间站的发展来看，第一步是单一式的。所谓单一式的空间站，就是由运载火箭把整体的空间站直接发射入轨，在空间站上有对接口，可以与其他航天器进行整体的对接。那么，什么是对接呢？对接实际上就像小孩子玩的"积木"或者是"变形金刚"，它可以有一个主体，然后在它的上面一个一个地再组合许多其他的部分，形成一个更大的玩具一样。空间站对接后就能组成更大的空间站，当然它比玩积木要复杂得多。

空间站发展的第二步就是组合式空间站。所谓组合式的空间站是更大型的空间站，由于太大，不可能整体地被发射上去，而是由多枚运载火箭多次发射，一部分一部分地分别发射上去，然后在轨道上进行组装。美国与前苏联的空间站都是从单一式开始发展的，利用它为建造实用型的组合式永久性载人空间站探索和试验一些更为复杂的相关技术。

人类第三步的目标就是建立长寿命、有人职守的永久型的空间站，这种空间站和一般的空间站相比，具有很多的不同和一系列的优点。

空间站与其他的载人航天器一样，也要配备相应的系统。但是由于空间站的飞行时间更长，因此对系统在各个方面的要求也就更高，比如它的工作可靠性、可维修性、抗老化性、防辐射性等。

目前，世界各国发射的空间站在

空间站的组接要比积木复杂得多

外形与内部结构上,可以千差万别,但是就它的系统组成来说,我们可以找出共性的东西,可以把它的系统组成按功能分成不同的部分。

轨道飞行

轨道飞行是地球轨道飞行的简称。它与月球飞行、行星际飞行等都是宇宙飞行领域内的重要组成部分。人类进行的航天活动绝大部分属于轨道飞行。它的轨道近似椭圆形,地球位于椭圆的两个焦点中的一个。椭圆轨道不是固定的,而随时间发生微小变化,在进行轨道飞行使命的设计时必须考虑这种变化。有时为了实现飞行使命的某些特殊要求,航天器飞行过程还需要利用航天器自身的发动机进行变轨机动,使其轨道由一个椭圆变成另一个椭圆。有些航天器在完成了飞行主要使命以后还需要进行最后一次轨道机动,使其脱离原先的飞行轨道,并经由特定的返回轨道返回地面。

空间站的构造

我们知道,任何一种空间飞行器都离不开结构,而空间站也不例外。事实上,它本身的构造是极其复杂的。特别是由于要求它长期在太空工作,承载宇航员甚至一般游客的较长时间的居住,因此它的设计考虑的因素与一般的飞行器甚至飞船都有很大的不同。那么,具体都有什么不同呢?下面简单介绍下:

(1) 空间站的结构要有足够的强度和刚度

事实上,对空间站的结构要求是极其苛刻的。首先它要有足够的强度和刚度。这主要由它经受的环境条件所决定的,我们看看空间站从发射到上天工作的环境就明白了。不少人从电视上看到过空间站的发射实况转播,当火箭点火工作的刹那,成吨的燃料喷着长长的火舌伴随着震耳欲聋的轰鸣声从发动机的喷管倾泻而出,强大的冲击和振动立刻作用到空间站结构上。在火箭奔向太空的过程中,由于火箭发动机一直工作,所以强烈的振动一直作用在空间站结构上。

此外,由于火箭的高速飞行,空间站表面与周围大气产生强烈的摩擦,空间站的结构会被加热,我们称为气动加热,使空间站的表面甚至内部温度升高,可以达到几百摄氏度,这会降低结构的强度。

为了保护空间站,在发射时,火箭的前端大都有整流罩,把空间站罩起来,到高空再抛掉。而空间站进入空间后,要经过日照区和阴影区,空间的环境温度在100℃至零下100℃的范围内变化。而空间站结构在这样复杂恶劣的条件下工作,不但要保证足够的强度,不能因为剧烈的振动、冲击产生破坏,而且还要保证足够的刚度,也就是不能产生大的或者不能恢复的变形。尤其像国际空间站的这种结构形式,采用很长的桁架,刚度问题很重要,容易产生变形,而这种变形会带来很多问题,除了影响正常工作外,它还影响到对空间站的控制,使它不能按预想的状态飞行。

因此,空间站在材料的选取和使用上是很讲究的,要求它的强度高、刚度好,但是又不能采用钢铁作为主要材料,因为这种材料的比重太大,必须选用一些轻金属材料,如铝合金、铝镁合金、钛合金等或者非金属材料。目前发展的低密度高强度的非金属复合材料得到了广泛的应用。

建造空间站所用材料之一——铝合金

由于空间站长期在太空飞行,在那种条件下,空间粒子、宇宙射线的辐射作用是很强的,它们的作用可以改变甚至破坏材料的性能,使一些非金属材料老化变质,所以要求材料本身能够抗辐射,而且能够有效地屏蔽辐射作用,以保护舱内宇航员的安全。另外空间站还可能遇到微流星和空中碎片的撞击,要保证不被击穿,所以在材料的选取上是非常严格的。

(2) 空间站的舱门有着特殊的要求

空间站的另一个结构特点是它的舱门有着特殊的要求。首先,宇航员进出的舱门要保证可靠的密封,而且能够快速拆装,这种门开关的次数比较多,属于一种活动舱门。当需要打开时应保证快速,而当需要关上时,要保证可靠的密封,否则舱内气体泄漏到外界真空,会直接威胁到宇航员的生命安全。在空间站的舱段上开有数个观察窗,这使宇航员在舱内能够看到天空、地球以及前后左右的外界情况。观察窗对于宇航员来说太重要了,在空中作业时需要对星空及地球进行观测,在交会对接中需要对前后左右进行观测,控制空间站的前后左右移动。

密封舱

密封舱是飞行器中用以保证人在高空或宇宙空间正常生活的安全设备。宇宙飞船的密封舱是一个封闭系统,外表面覆有绝热保护层,座舱设有快速开启的舱门和用耐热玻璃保护的舷窗。舱内采用再生式供气,并有环境调节系统;高空飞行飞机的密封舱,又称"气密舱"或"增压舱",由增压调压系统向舱内输入增压空气,大型飞机还有湿度调节装置。

空间站的能源、环境与制导

我们知道,对于空间站而言,人的生命保障及安全是最重要的问题。而事实上,高度真空的太空是不具备人类的生存条件的,只好依靠空间站的设计来保证这些条件,这就是空间站的环境控制和生命保障系统,而且要保障的内容是多方面的。

大家知道，在航天活动中，人处于一种密闭的容器中，与地球环境是完全不同的。环境控制和宇航员的生命保障系统的功能就是建立和维持宇航员的生活和工作所必要的最佳的环境条件。如舱内的温度、湿度、总压力以及氧分压及有害气体的控制等，同时供给生命活动所必需的物质如氧气、水、食物等，并能去除生活中所产生的废物。

在空间站的环境控制中，首先需要控制的就是舱内温度。当空间站在空间飞行时，已经没有了大气层的遮挡，太阳的辐射热直接传到空间站上，如果不加控制，它的内部温度很快就会升高，这好比把汽车停在太阳光下，车内温度会快速上升一样。

另一方面，空间站内部的仪器设备的工作要产生热量，尤其有一些大功率的管子，发热量很大。还有宇航员在舱内的活动也要散发热量，同时地球的低温红外辐射也会对空间站产生影响。在这几种热源的影响下，若不加控制，空间站舱内的温度升高及降低会有很大的变化。而在人活动的密封舱内，要求温度在20℃左右的范围内变化，空间站内的各种不同的仪器设备也要求工作在一定的温度范围。这些都要靠空间站的温度控制系统来完成。

空间站内的温度控制手段从大的方面可以分为被动式和主动式两种。被动式，就是在空间站的外表面喷涂一种使辐射率和吸收率成一定比例的物质，在内部包覆一层隔热物质，用来减少热量的内外交换，把太阳的辐射热绝大部分再辐射到空间，只允许一部分进入舱内，大部分的空间站都采用这种方法。仅这样做还不够，还要采用极其复杂的主动温度控制系统，把设备的散热、乘员发热以及外部传到空间站各个舱的热量，通过舱内空气的流通和物体的传导，把热量收集到温度调节系统的散热器，它可以主动地收集热量，传送到空间站舱外。而在舱外装有用于散热的辐射器，或者称为辐射制冷器，通过它把多余的热量辐射到空间去。

为了保证系统的工作可靠性，一般都是主动式和被动式的温度控制手段同时采用。此外在配置上也做了充分的考虑，那就是配备备份部件。当活动部件，比如泵损坏时，可以自动地切换到另一个泵上继续工作。正常情况下系统是自动工作的，而一旦该系统的部件都出现了问题时，则采用专门设计

空间站的奥秘

的手动控制系统,由宇航员来操作。

而空间站里的湿度也很重要。当空间站湿度过大时,宇航员都会因此降低工作效率,易产生疲劳甚至工作的失误。而当湿度太小时,某些设备又不能正常工作,因此必须进行湿度控制。一般空间站上装有冷凝干燥器和湿气收集器,就是在密封舱内有若干个风机,将含有湿气的空气吹往热交换器,它的内部装有湿气收集器,在收集器内装有特殊的吸水材料,湿气被材料吸收后送到水收集器可以用来控制湿度。

空间站的制导与控制系统

资料表明,空间站的制导与控制系统也是一个极其重要的系统,要求它完成的工作内容有许多方面。而制导与控制系统的工作好坏,则直接关系到空间站的成败。这是因为在空间站的发射阶段、轨道飞行阶段,以及与其对接航天器的返回部分,在返回过程中都需要对整个空间站及返回部分进行控制,控制失灵就有可能不能返回地面,造成不堪设想的后果。概括说来,空间站的制导与控制系统主要完成以下几个功能:

其一,入轨后正常的飞行控制。在轨道运行段,即使是正常情况下也要进行控制,这包括了对空间站的运动控制和姿态控制。空间站在轨道上飞行时,由于大气的影响,轨道高度会逐渐变低;如果不加控制就会向地球坠落。因此,需要补充能量,控制其变轨,提高轨道高度。当空间站需要与其他飞行器交会对接时,更需要控制,为了使空间站与要对接的飞行器对准方向,要控制空间站做一些运动,以完成对接任务。

另外一方面,空间站在轨道飞行时处于失重状态,如果不加控制,它就要做随意的翻

正处于轨道飞行阶段的空间站

滚,这是不允许的。因此,空间站飞行时有3个旋转轴,分别为滚动轴、偏航轴和俯仰轴。在正常运行中,不允许它绕任何一个轴有大的转动,或者转动的值不超出允许的范围,这样的一种控制称为三轴姿态稳定控制。

当空间站上装有太阳能电池帆板时,要求帆板在空间站运行中不停地转动,使帆板的平面与太阳光的入射线尽量垂直,此时的发电效率最高,因此,当空间站围绕地球转动时,帆板要围绕自身的轴相对空间站而转动,始终使它的平面朝向太阳。

揭秘空间站能源系统

我们知道,能源系统对任何一种飞行器而言都是必不可少的。当然,对空间站来说也不例外。空间站上有众多的电子仪器设备,有许多的活动部件在空间站的飞行中完成各种动作,这些都需要供电后才能工作,所以能源系统是必不可少的。

对于不同的任务要求,空间电源有不同的种类。对于轨道比较低、工作寿命比较短的飞行器,一般多采用化学电源,如银—锌电池、镍—镉电池,性能再好的如锂电池、氢—氧燃料电池等;而对于高轨道、长寿命的空间站一

国际空间站的太阳能电池板相当于半个足球场大小

般采用太阳能电池,这种电池是利用物质的光电效应从太阳取得能量,可以工作几年甚至几十年。我们看到空间站上像蜻蜓一样的两个伸展的大翅膀,那就是太阳能电池的帆板,在帆板上贴有数以万计的小太阳能电池片,每个小电池片的尺寸一般2厘米见方,但整个帆板的面积却很大,国际空间站的太阳能电池帆板的面积足有半个足球场那么大。

一般飞行器上都带两种以上的电源,一种是可以充放电的化学电池,另

空间站的奥秘

一种就是太阳能电池。当空间站在日照区内飞行时,太阳能电池对空间站供电,同时向化学电池充电,保存能量,而飞到阴影区时,由化学电池放电。

制 导

制导就是导引和控制飞行器按一定规律飞向目标或预定轨道的技术和方法。制导过程中,导引系统不断测定飞行器与目标或预定轨道的相对位置关系,发出制导信息传递给飞行器控制系统,以控制飞行。分有线制导、无线电制导、雷达制导、红外制导、激光制导、音响制导、地磁制导、惯性制导和天文制导等。

返回舱的控制

当空间站上的返回部分如对接后的飞船或其他的返回飞行器需要返回地面时,要控制的内容就更多了。首先要实现返回飞行器与空间站本体的分离,为了使它能够进入返回轨道,要使它转过一个特定的角度,然后发动机工作,使它脱离运行轨道,进入返回轨道方向。

在返回舱的返回过程中,仍然需要控制,使它按规定的姿态飞行,像"联盟"号飞船要保持大头朝前的飞行姿态,而且在返回过程中还要不断地控制其摆动,目的是调整它的落点,准确着陆。而航天飞机的返回仍然需要控制它的位置。

某返回舱

走进太空世界丛书 51

要了解掌握它的工作状态，必要的时候要对它发一些命令，完成一些临时的任务。从这个意义来讲，空间站的测控与其他类型的飞行器的测控没有本质的区别。但是，由于空间站是有人的，可以主动进行一系列的工作。如此一来，载人空间站的测控又与其他类型的飞行器的测控有很大的区别和更高的要求，因而系统的组成也就更加复杂。下面简单介绍这些系统组成。

（1）跟踪测轨

事实上，测控系统的任务首先是跟踪测轨。跟踪测轨设备的任务就是通过空间站和地面上的设备不断相互发送信息，经地面站处理后用以确定空间站的运动状况，比如轨道高度、轨道倾角等。

（2）遥测设备

空间站上的遥测设备，是了解空间站工作状况的有效手段。通过装在空间站上的传感器，可以感受测量空间站的各种工程参数。如舱内的温度、舱内压力、电压等，地面通过这些数据就可以判断空间站上的各种设备是否工作正常，空间站目前的工作状态如何。另外，在宇航员身上的典型部位均安装了各种传感器，可以观察监视宇航员的身体健康状况和在空间条件下工作时各种生理特征的变化和反应。

（3）遥控部分

当空间站或宇航员出现异常情况时，我们不能束手无策。这时，地面指挥系统就要向空间站的设备或宇航员发出遥控指令，命令空间站完成某些临时的动作，这就是遥控部分的任务。

（4）宇航员打电话

资料显示，在空间站每个宇航员的头盔上及生活工作舱内，都配备接收器即耳机和送话器，可以进行宇航员之间的通话交谈、宇航员与指挥中心的通话，当然还可以接收家属及其他人员的鼓励、问候。另外，在交会对接过程中及对接后均可以进行两个飞行器之间宇航员的通话。

（5）电视传输

事实上，另一个传输信息的重要手段就是电视传输设备。这里电视的主要功能并不是收看节目，因为在太空里是收不到地球上的电视信号的。因为在空间站生活工作舱内设置有摄像机和电视机，还有电视监视器、电视信息发射机等，用以监看航天器上的摄像装置拍下的画面，还可以通过这些设备观察工作数据的显示。

（6）空间站里的大屏幕

为了使宇航员更加有效地工作，随时可以方便地看到空间站和自身的各种参数及工作状态，做到心中有数，在空间站上还为宇航员配备了数据显示系统，正对宇航员的视线装有一个甚至几个大的显示屏。在这显示屏上有文字显示，空间站上重要的系统参数始终按类型在显示屏上显示，同时空间站的控制效果以及宇航员的生理参数等均在屏上显示。还有一个飞行轨迹的显示，随着空间站的运行同步移动，不管他们飞在任何地方，在显示屏上都能看得到一条彩色的线始终在有地图背景的显示屏上走，显示目前空间站所处的地理位置，使宇航员随时了解自己处于地球上哪个位置的上空。

另外，除了重要参数的经常显示外，其他的系统及设备参数都储存于计算机中，宇航员如果想了解哪个系统的工作状况，随时可以用键盘调出参数进行查看，以便于掌握情况。

（7）发生事故时的警报

除了上述的数字显示外，显示屏上还有语言指示设备，也就是重大的动作及宇航员该做的工作都按程序以语言的形式发出，进一步提醒宇航员注意。此外，还设有警告装置，当某个系统的工作状态出现异常时，马上出现灯光及声音警告，引起宇航员的注意，采取相应的检修措施；而当出现了危及宇航员安全的紧急重大故障时，就会出现更加醒目的灯光及声音报警，告诉宇航员立即采取措施,对付应急的情况。

载人航天

载人航天就是人类驾驶和乘坐载人航天器在太空中从事各种探测、研究、试验、生产和军事应用的往返飞行活动。其目的在于突破地球大气的屏障和克服地球引力,把人类的活动范围从陆地、海洋和大气层扩展到太空,更广泛和更深入地认识整个宇宙,并充分利用太空和载人航天器的特殊环境进行各种研究和试验活动,开发太空极其丰富的资源。

宇航员——空间站的主人

或许我们每一个人都想成为一名宇航员,进而遨游太空。但是,你知道当宇航员有什么要求吗?一个宇航员可以执行多少次任务呢?还有,都有哪些国家把宇航员送上天了呢?下面我们简单介绍一下。

事实上,美国宇航局对宇航员的身体要求并不苛刻,宇航员不一定个个都像健美先生、拳击冠军那么健壮。但是也要达到一定标准,要有健康的身体、充足的体力。至于体重方面没有要求,而身高要求也会因工作任务不同而不同。血压要求在坐姿时为140/90。戴眼镜并无影响,但矫正视力要在一定标准之上。一般人达到这些标准问题不大,但

宇航员在升空前一年内不得参加有高度危险的活动

空间站的奥秘

是色盲是不能成为宇航员的,因为许多仪表和信号显示需要宇航员正确识别,色盲者当然不能胜任。

专家指出,宇航员也有工作分类,但是不论是哪类宇航员都要求最低具有数学、自然科学或是工程技术学士学位。航天飞机飞行员中有60%的人超过了这个要求,而专项任务宇航员中的比例更高,达到95%。实际上,专项任务宇航员中有55%的人都具有博士学位,这也就是说,除了飞行员几乎都是博士。可见对宇航员在文化水平上有很高要求。

对于宇航员会执行多少次航天任务,宇航员自己毫无发言权,因为这有专人定夺。目前,美国宇航员平均2~3年有一次航天的机会。虽然没有确切规定宇航员的退休年龄,但许多宇航员年满50岁以后就去做管理工作了。而新宇航员平均年龄36岁,除去执行任务的时间,干到50岁大概可执行任务4~5次。现在美国的约翰·扬是航天次数最多的人,他曾两次乘"双子星座"号宇宙飞船、两次乘"阿波罗"号宇宙飞船、两次乘航天飞机进入太空。女宇航员中航天次数最多的是香农·露西德,她共执行过5次航天任务。宇航员们在没有航天任务时会被安排做一些后援性工作,比如负

在太空中工作的美国宇航员

责通信或协助测试新软件及设备等等,不管做什么,这也是另一种形式的训练。

那么,当宇航员在发射前出意外该怎么办呢?事实上,当任务不太紧急时,如果宇航员在升空前患了感冒之类的小病会将发射推迟几天,有时会推迟一两星期,但如果任务紧急,是不允许推迟太久的,因为每个机组都有替补人员。曾经在"阿波罗13"号升空前几天,发现一名宇航员患了麻疹,就

由一名替补人员代替了他，所以不会因为宇航员的伤病而影响大局。在执行任务前，为了防止宇航员伤病，对他们的行动是有规定的。作为制度，宇航员在升空前1年内不得参加有高度危险的活动，如滑翔、滑雪等，在升空前8个月不得参加有中度危险的活动，如滑水、垒球及其他一些集体项目的体育运动。

迄今为止，除美、俄、中3个国家的宇航员外，还有来自其他22个国家的40余人上过天。这22个国家是：德国、法国、加拿大、日本、保加利亚、波兰、匈牙利、越南、古巴、蒙古、墨西哥、荷兰、沙特阿拉伯、印度、叙利亚、阿富汗、英国、奥地利、比利时、瑞士、意大利和捷克斯洛伐克。

在太空中也要建"健身房"

人在空间，必须保持肌肉组织的良好状态，并防止由失重引起的虚脱。失重对人体影响之严重性，是在1970年航天员安·尼可来耶夫经18天的航天飞行后才被认识的。这次飞行给许多专家带来了不愉快的惊异。在这之前，航天飞行时间较短，他们认为人体必须适应失重，那时他们认为在空间要调节到地球重力条件是困难的。

当安·尼可来耶夫和弗·斯万斯塔诺夫结束航天飞行返回地球着陆时，他们在没有别人帮助的情况下走不出飞船。航天员不能站立，甚至连坐也很艰难。他们的脉搏率和血压很高。

航天医学家们不久便知道了问题出在什么地方。他们发现，长时间在失重状态下飞行和缺乏锻炼，削弱了航天员的心脏和体质。在失重状态下，肌肉组织的负荷是不合适的。因此肌肉开始变弱，力量变小。人体坚硬的骨头在太空中也没有了用处。人体摆脱了它不需要的东西，其结果是钙从骨中消失，骨骼变得很脆。因此，航天医学家们不得不考虑采取某种办法，使身体"记忆"起地球功能和抵消失重。这样他们便提出建议：建立一个太空器械锻炼室。

现在空间站上的器械锻炼室拥有自行车练功器、胸扩展器、跑步练功器以及一些其他锻炼器械。自行车的骑手负荷可以从最轻调节到最重。在后一种情况下,航天员踏两分钟之后会感到犹如已经爬了一座很陡的小山。通常,航天员按规定每日在跑步练功器上跑4~5千米。

在失重条件下从事体力锻炼是很艰苦的,因为他们与其说是进行锻炼,不如说是从事某种令人讨厌的工作。

在太空器械锻炼室建立初期,还缺乏锻炼的经验和知识,当时航天员必须每日在锻炼器械上操练2.5~3小时。多年实践获得的经验,使现在有可能将这种操练时间缩短为1小时或半小时。

现已经发现并证实,如果航天员按照医生规定的办法操练,从太空返回时,他们能很快地使自己重新适应地球。

安·尼可来耶夫和弗·斯万斯塔诺夫在18天太空航行归来后,花费将近6个月时间才恢复体力。而现在,在持续很多个月甚至1年之久的航天飞行之后,重新适应地球的生活,相对来说没有什么痛苦与麻烦。航天员在返地着陆后几天走路就没有困难了。他们的前庭混乱消失,行动时的协调能力得到恢复。经1.5~2个月时间,航天员们的体力实际上和航天飞行前一样了,如果需要,他们便可再进入太空执行任务。例如,弗·季托夫和穆·马纳罗夫在太空连续飞行1年之后返回地球,着落后只几个小时便轻松地走下舱梯。第二天就在莫斯科附近的星城散步。两天后,还用半个多小时回答了记者的问题。航天训练中心的医学专家说,他们除了在支持运动的系统和血液供给方面有一些异常,如不能站立1小时外,健康状况令人满意,自我感觉也良好。

宇航员到开放空间活动的意义

宇宙空间的环境极其恶劣,人到开放空间活动是很危险的。但这是研究和探索空间必不可少的部分。1965年3月18日,前苏联公民阿·列昂诺夫穿着宇宙服第一个出舱来到开放空间时,用绳子和飞船连接在一起,空间自由漂浮结束时,借助这根绳子才能回到飞船,否则他可能成为宇宙的俘虏而回不了飞船。

事实证明,航天员需要到开放空间去,就像海员必须学会游泳一样。开头,人离开飞船到开放空间是想弄清楚是否可能在舱外作业。人进入开放空间的计划也是小心翼翼的,在舱外停留时间也是缓慢增加的。从1965年列昂诺夫第一次来到开放空间起,直到1968年,前苏联航天员进入开放空间的总计时间不超过8小时。然后在开放空间逗留时间迅速增加。由于在开放空间逗留时间增长以及在工作上积累了经验,航天员在开放空间可以检查飞船、更换有毛病的设备以及试验各种系统。1980年开始,航天员已开始在开放空间进行复杂的装配工作了。例如航天员列沃尼特·砍什和弗拉基米尔·索洛伏夫曾在开放空间修复"礼炮7"号空间站的推进系统并安装附加的太阳能电池帆板。现在这类帆板的安装已经变成规范化的操作过程了。类似的工作,其他航天员在"和平"号空间站也进行过。

太空行走

1984~1986年两次航天飞行期间,前述两位航天员进入外层空间的时间也增长了8倍,在空间站外工作共达32小时。1984年7月之前,开放空间的工作只有男人承担;在这之后情况改变了,妇女也大胆进入开放空间。斯维特拉诺·萨维茨可娃是第一个进入开放空间的女性航天员。当时她和另一名航天员在舱外试验一种新的能切割、锡焊、熔焊金属板嚢及镀膜的多用途工具,共工作3小时35分钟。

2007年11月3日,美国航天员帕拉金斯基完成历时7个多小时的外层空间活动,成功修补了一块太阳能电池板。由于电池板依然带电,而且破损点距离工作舱足有半个足球场远,帕拉金斯基要"走"上近一个小时。

人在开放空间活动对未来航天事业有着重要的意义,它为在宇宙空间装配所有各类轨道结构物奠定了基础,为空间工厂和开拓人类太空居住地铺平了道路。

揭秘宇航员心理相容性

对于长时间的轨道飞行，航天乘员之间的心理相容性是必须考虑的最重要因素。因为在航天过程中，他们执行任务的能力，取决于这种心理适应过程。但是在执行短期航天任务时，这点并不如此重要。

因为空间任务并不是经常的，专家们相信相互不喜欢的人构成一个航天乘员组对短期航天应是允许的，甚至是有益的。这里最重要的是他们能完成工作计划。但是对于一次长时间航天任务，这样选择航天员是不能允许的。一个由2人或3人组成的航天乘员组，在和外部世界隔离的情况下得生活和工作在一起。航天员也是普通人，他们各有其个人的倾向和弱点，各有其思想和信念的背景。他们并没有像老师或心理学家那样受过专门训练，因此他们的相互关系，无论在地球或空间是由不能预见的因素决定的。例如1968年，美国"阿波罗7"号宇宙飞船的航天任务快近尾声时，航天员们产生了一种神经衰弱综合征。他们不仅相互之间开始争吵，而且还和地面测控站的操作员争论。对各项指令满不在乎的航天员们，解下他们记录心理数据的传感器，拒绝和地面测控中心讨论事情。

太空可以使航天员变成一个完全不同的人。在太空的头几天可能感觉不到什么变化。但是，过了一段时间就可能开始感到神经质。本来在地面相互之间相当友好的航天乘员，对于同一个进程会有不同想法。有的航天员在地球时是以有自控力著称的，谦逊而平静，但在太空会失去自控力并高度紧张。当然航天员本身也自觉和这种神经质作斗争，缓解他们的分歧并在行动和行为上忘记分歧、进行和解，而且往往在很多方面取得成功。

心理相容性是由很多因素决定的，诸如性格、对世界的认识、文化内涵以及年龄。考虑所有这些因素，专家们提出了选择航天乘员组的建议及相应的专门测试。由于在如何组成航天乘员组方面的科学努力，航天乘员的相容性得到较好解决，出现了很好相容的实例。例如前苏联在1984年和1986年的两次长时间飞行中，列·砍什和弗·索洛伏夫在"礼炮7"号以及"和平"号空间站共同度过362天。虽然他们在空间一年，并没有影响他们之间的关系。

尽管在选择和构成航天乘员组方面作出专门努力，也并非所有航天飞行都那么好。地面心理相容试验并不能总是保证在太空航天乘员之间的良好关系。有时你可以非常喜欢一个人，然而长时间单独和他在一起，总会产生一些摩擦，问题是不要让这种摩擦发展成为严重冲突，并破坏计划项目的完成。

增加太空任务持续时间的意义何在

由于航天飞行时间本身并没有一个终点，更何况人们也不是为了创造太空逗留时间的纪录而增加航天持续时间。一个空间站是一个多功能实验室，在那里可以进行广泛的研究、实验和进行长周期的例行观察。因此说，经济因素起着很重要的作用。航天飞行时间越长，研究成本也就越低；反之，经常调换空间站乘员，功效就低。此外，没有持续几个月的空间任务，整个航天事业的进步也是不可想象的。

载人航天初期，并没有长时间轨道飞行。航天任务的持续时间是逐步增加的，人类表现出小心翼翼的谨慎态度。当然这需要谈到前苏联的情况，因为只有她多年来连续不断地进行长时间载人航天活动。第一次长时间任务持续18天，然后是23天，其后持续时间增加到63天、96天、140天、175天、185天、211天、237天、326天和一年。执行长期航天任务的航天员们知道，他们之前的一次航天时间比本次短。返回地球后，每个航天员都要接受医学测试，测试结果为大家知晓，目的是为其他航天员对人体的巨大潜力产生信心。实际上每次航天时间的增长，也意味着人体在空间的一次适应试验。

展望未来，人们清楚意识到人类期望的星际旅行为期不远了。从技术角度看，没有什么问题是不可解决的；然而关于人体的能力，主要是适应太空的能力还有很多未知数。例如火星离地球约9000万千米，在顺利条件下，人到火星去旅行并返回需要两年时间。那么，人能不能在没有重力的情况下生活这样长的时间？因为现在空间飞行生理学和心理学的研究已经指出，在载人空间飞行中，对航天员构成严重威胁的，与其说是宇宙辐射，不如说是失重，对于未来的长时间载人空间飞行，必须预先研究遗传的演变。在长期失

空间站的奥秘

重下飞行，人的机体组织会不会经历不可逆的变化而使他不可能再生活在地球上？为避免这种后果，是否应该用专门产生人工重力的装置，或能对抗宇宙飞行中的失重效应和其他不利因素的装置来装备宇宙飞船？人们认识到，今日逐步增加长期航天的时间，也是为未来的星际旅行铺平道路。

长时间航天会逐步积累经验，能让医学专家们去解决在地球上难以对付的问题，诸如处于长期失重后骨组织中钙的减少、心血管系统的状态及其内在变化和血液成分的变化等等。

太空飞行，特别是第一次太空飞行，其准备周期是很长的，通常要数年。这是因为航天员必须吸收大量信息，必须获得操作宇宙飞船和进行成功实验的技能。这是一种只有用长期飞行采集并传送到地球的大量信息形式作补偿的投资。为获得这种可靠信息，最好用同一些人重复试验、检验统计结果。事实证明，这样做是必需的。

自1961年以来，飞向太空的人越来越多（截至2004年4月18日，计440人），太空停留时间也越来越长，航天载人发射次数更趋频繁。虽然如此，失重仍然是一个巨大的谜，是长期航天的主要威胁，目前仍有许多问题需要解答。为解决这些问题，还需要作出重大的努力和收集有价值的统计材料。

宇航员最强印象一览

资料表明，凡是到太空去过的航天员都说，即使是一个简短的轨道飞行，也会令他们终生难忘。人在太空看到的现象在地球上是无法想象的。例如，在太空日与夜的快速交替。航天员环绕地球只需1.5小时，这意味着航天员每天可以16次看到太阳升起。这里是航天员维·西万斯特亚诺夫的描述：

"当飞船在地球背影部分并逐渐迫近到白昼与黑夜之间的分界线时，便可看到黎明时的彩色。首先看到深红新月状。然后它上面的空间快速变亮，深红色扩大并成为橘红色和黄色。空间破晓时的主彩色光谱开始形成。出现了白昼和黑蓝色，然后是紫色、深紫色及其以后的近似黑色的黑影部分。这时能看到天空的星星。"

而尤利·格拉次可夫说:"地球的彩色光谱,北极地区的冰和赤道上的夏季是不相同的。你可观察到密林光亮的绿色,地球巅峰的白雪和蓝色的海洋。整个彩色使你眩目。看到的一切是一幅令人陶醉不能不赞赏的地球奇异的自然图景。"

斯·萨维茨卡娅则指出:"地球,不仅是亮的一边,背影的一边也极其漂亮动人。当飞船处在地球背影部分,我们在飞船舱外的开放空间度过了一些时候。有两件事给我留下了不可磨灭的印象:多云的地方雷暴轰鸣;在黑暗背景衬托下电光闪烁和彩色狂舞,确实像梦幻般的仙境。各种灿烂的效应展现地球自然界充满了魔幻。"

给予宇航员最美好印象的是地球

"不管人们可能说些什么,"阿·菲利辛可说道,"空间最令人惊奇的还是失重。虽然在实验室专门经过训练和飞行,失重还是首先把你制服了。你会感到某种物体将你倒了过来,你被倒悬在空中,同时每一样东西从你身边飞过。"描述自己的感受时,弗·库巴索夫指出:"你经受到完全没有身体的感觉,恰似在梦中,所有你必须做的事是伸开你的双臂去飞翔。但是你得当心,别撞着飞船的墙。如果你不小心擦着边缘,产生痛觉,那时就使你记起物质的存在了。"

当回忆起自己的感受时,阿·拉维金说:"回想起空间飞行,不得不指出最美丽和印象最深的一事,即太空行走。当阳光射进充满空气的太空舱时,它涌向每一样东西,我们的灯光似乎变暗。这是一个可爱的时刻。我们注视着美丽的地球,真无法想象在太空能感觉环绕地球自由飞行的可怕速度,它

空间站的奥秘

确实难以置信!"

在着陆地球时,同样会产生无与伦比、激动人心的奇观。初始,宇航员们经受的东西连科幻作家都未想到过,神话故事里也未听到过。航天员坐在返回舱内以极高的速度冲入大气层,冲向地球,剧烈的摩擦点燃了飞船的外壳保护层表面,产生几千度高温,构成一个燃烧着的等离子流星,他们就从这个火流星内部向外观察,就像坐在巨大的火球中心而安然无恙。尤里·加加林第一个透过飞船小孔观察火焰流涌和听到飞船保护层燃烧时的爆烈声。他说,未保护的天线着火,就像一根火柴燃烧,当仪器舱从返回舱分离出来时,发生同样景观。

叶·克鲁诺夫对飞船着陆是这样描述的:"当着陆速度迅速增加时,我们的身体似乎被压进了座位;吞没的火焰狂怒着、包围了整个着陆舱,并模糊了观察孔的视线。当速度和高度减小时,返回舱颠簸得像马车行驶在鹅卵石的道路上,这意味着速度已降到声速了。在大约离地1万米高度,我们感受到被强烈地用力一推,接着又是一次,力度较前次小些。这表示第一个减速降落伞已打开,然后是主降落伞打开。最后一个冲撞使我们知道,我们已经回到了地球。"

由于每个航天员的个人倾向和性格不同,回忆因人而异。把他们的上述感觉和印象相对照,便会获得一个太空飞行奇观的印象。太空飞行是何等美妙、神奇而充满神秘。

宇航员如何"虎口"脱险

在设计空间站时,保证宇航员的安全是最重要的问题,因此采取了许多提高可靠性的措施。尽管如此,还是不能绝对避免出现问题。由于科技水平的限制,或者我们对事物认识的不足,以及材料的性能、质量和加工等问题,因此难免造成灾难性后果。这样就提出了宇航员的救生问题。

我们知道,宇航员的救生是个大问题。从以往美、俄发射的载人飞行器来看,宇航员的救生问题被放到了重要的位置,而且这种救生的思想和措施贯穿在飞行器工作的全过程,也就是从发射到飞行直至返回以及着陆后。在

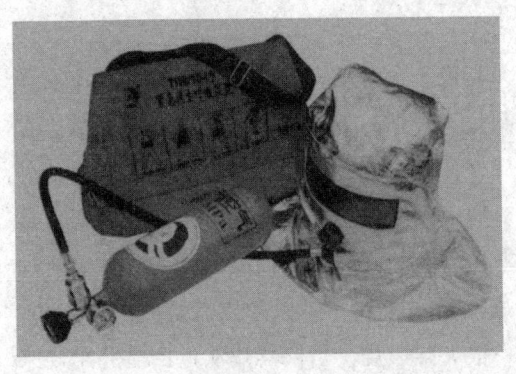

常规救生设备

飞行器发射时，有专门为宇航员安全而配置的逃逸救生系统，在发射段的各个时间出现故障，都可以使逃逸救生系统启动，把宇航员送到安全区。

空间站的舱内配备专门的救生设备。这与乘飞机有点类似，如果你坐过飞机的话，就会知道飞机上也有逃逸救生设备，就在你的座椅底下或者头顶上方。一上飞机，空姐就会讲解如何使用它们。而空间站的逃逸救生系统比飞机上的要复杂得多，我们不难想象，如果真的出现故障，宇航员要考虑救生的问题，从应急出口逃离空间站，可以在空中等待别的飞行器的救援。

另一种方法是，由于空间站有多个对接口，像"和平"号空间站有6个对接口，而国际空间站有20个对接口，这样始终有一个可以返回的飞行器，如"联盟"号飞船或航天飞机与空间站对接后一起飞行。作为值班飞行器，一旦空间站出现大的故障危及宇航员的安全，宇航员可以马上进入这个值班飞行器，或者转移到安全地带，或者直接返回地面。

航天服

航天服是保障航天员的生命活动和工作能力的个人密闭装备。可防护空间的真空、高低温、太阳辐射和微流星等环境因素对人体的危害。在真空环境中，人体血液中含有的氮气会变成气体，使体积膨胀。如果人不穿加压气密的航天服，就会因体内外的压差悬殊而发生生命危险。航天服是在飞行员密闭服的基础上发展起来的多功能服装。早期的航天服只能供航天员在飞船座舱内使用，后研制出舱外用的航天服。现代新型的舱外用航天服有液冷降温结构,可供航天员出舱活动或登月考察。

宇航员的生命保障

空间站实际上就是一个人类设置在太空的地球村,人类可以在这里居住、生活,这可是真正的生活,它不像载人飞船那样,受到各种限制。空间站的体积大,携带的物品多,而且消耗完了有可以再补充的能力,因此它可以在太空飞行很长的时间,几年、十几年甚至几十年。正是由于这种长期的生活,必须使宇航员的生活环境得到改善,因此在空间站内的设施以及提供生活必需品的方法也与飞船有很大的不同,比如他们的吃饭、睡眠、工作、学习甚至娱乐都得到了很好的安排。更特别的是,他们所用的水和氧气除了

宇航员们可以在空间站内种植蔬菜等

由地面携带上去以外,大部分是自生的,甚至他们还在空间站内部种植蔬菜,保证自己的食用和改善生活。如果忽略空间效应的影响,他们的生活几乎与地面上一样了。

空间站的居住条件比起飞船要好得多,可以称得上是真正的居室,就以前苏联的"礼炮7"号空间站为例,可居住的空间达90立方米,这差不多与我们地面的居室一样大了,而且里面的设施更加先进和完善,因此宇航员可以比较舒服地长期生活,这在我们下面的介绍中可以体会到。如果把飞船比做太空中的普通旅馆,那么空间站就是上星级的大饭店了。

宇航员的呼吸系统

研究表明,在空间站上最好的供应气体应该是与我们地球上大气成分相

同的氧—氮混合气。该气体不但符合人的习惯,而且安全。而事实上,舱内的气体供给和控制有着一套复杂的系统,舱内的大气总压力及氧气的分压力是通过传感器来测量的,使它必须接近自然大气压力和混合浓度。

当压力过高时可以通过自动控制排放出去,而压力下降时则可以自动补气。当低到最低限时就会报警,产生这种情况的原因往往是舱体或管路泄漏或者密封舱门失效。而实际的系统是极其复杂的,除了保证供气外,还要进行压力监测、气体净化、气体成分分析,采用风机促使气体的循环流动,把有害的气体成分减少到允许的范围内等。舱内气体的供应,早期是用大的气瓶由地面携带上去,而后来用特定物质的化学反应而生成。

宇航员的饮食保障设施

我们知道,空间站上的饮食保障设施也是非常考究的。而该饮食保障装置主要包括:宇航员食品、食品储藏装置、进食装置及处理设施等。

在航天初期,人们认为在太空不能吃固体食物,宇航员的主要食物是用软管包装的肉糜、果酱类膏状食物,吃的时候像挤牙膏似的将食物直接挤入口中。而现在,航天食品都是专门配置的高营养食品,以每个人每天摄取必需的热量来设计的,当然食品的种类和营养成分够充分的了。最多的是即食食品,包括肉类、鱼类、细条实心面、饼干、面包等,分别装在罐装及密封软包装中。在软管装食品中还有几道菜和水果酱、果汁等。另一类是脱水食品,有肉类,也有蔬菜。除此之外,也有一些直接从超市购买的在地球上常吃的易拉罐食品,水果、布丁、糖果点心、花生酱、三明治等等应有尽有。各类食品分装在食品柜和冰箱中。

进食时,即食品只需在烘箱里热一下便可。事实上,最费事的要数脱水食品,这种食品都装在塑料盒里,盒

宇航员最初的食品包装像牙膏

子的一角有层隔膜，食用前先要对食品进行还原充水。将空心的针管插入盒内，转动充水器的旋钮即可调节热水或冷水的注入量。此外，需要熟食的食物则在厨房的炉灶上烹煮。进餐时要特别小心，宇航员们用叉子或勺子把食物送进嘴里，尽管多数食物比较黏稠，动作还是得缓慢而仔细，否则食物碎块可以把宇航员呛死或者到处飘浮，还得用手把它们捕捉回来。在太空，用勺子进食与地球上有所不同，因为没有了地球引力，食物不会稳稳地待在勺底，这些食物有的在勺里，有些却是在勺底、勺边甚至是勺尖上。就餐时，每人有一个托盘作餐桌，托盘放在腿上，用钩刺式胶带粘住。脱水食品的塑料盒嵌在托盘的凹槽里，即食食品则用托盘一角的钢夹夹住。托盘上还有一块磁条，使餐具不致飞走。在太空中，零重力可能会导致脑充血而影响味觉，跟感冒了吃东西没味道的情形相似。因此那些因失重而胃口欠佳的宇航员会吃一些辛辣味很浓的食物，太空中不能用辣椒面一类的调味品，但厨房里备有盐水和辣椒水，装在像眼药水瓶一样可挤压的瓶子里供宇航员取用。进食过程中当然还要防止碎屑及废弃物的乱丢，而且要放在专设的废品收集器中，否则不是垃圾满地，而是垃圾满屋飞。

为了改善宇航员的生活及进行植物的试验，在空间站上还进行植物的栽培和生长，这样一来，宇航员既可以吃到新鲜的蔬菜又能减轻地面的负担，一举数得。

宇航员的供水系统

事实上，空间站上的供水系统也是生命保障的重要系统，有意思的是供水系统一直在密封的系统内工作，它是由贮水容器、手动泵、防护组件和饮水装置等部件组成的。水一般是由地面带上去的，水储存在空间站上的贮水容器内，而饮水装置就是用来饮水的。当宇航员需要喝水时，可不像我们在地面上喝水那么方便。

他们先要打开防护组件开关，取出个人用饮水管，将之接好，把水管放入口内，再按放水阀按钮来饮水，不允许有水滴滴出来。因为水在太空既是必需品也是危险品，空间站里漂浮的水珠如果吸入气管可使宇航员窒息而死，渗入设备线路中也是发生事故的隐患。宇航员喝的水第一要保证无菌、不浑、不变质，所以他们饮用的水里都有一种添加剂。由于太空的失重环境使得这里不分上下，把茶杯倒过来，杯子里的水也不会流出来，所以杯子里的饮料也不会自己流进宇航员的嘴里。太空饮料都是干粉，装在铝袋里，袋子上有注水口，饮用前用注水针往袋内注入冷热水均可，再插入吸管就可饮用了，各人的饮料袋上会有彩色标志用来区别。可供宇航员选择的饮品有净水、茶水、可可、咖啡及各种果汁等。

随着技术水平的提高和空间站尺寸的加大，以及多次飞行经验的积累，宇航员在空间站的居住条件不断改善，例如有了单独的卧室、专门的餐厅、专门的淋浴洗漱间，还有健身房。这样一来，水的用量必然增加，而空间站的水90%都要从地球用运输飞船运送，是非常宝贵的。为了解决这个问题，空间站上采用水的综合利用，把用过的废水回收后经过处理继续用，甚至将尿液经过再循环后当做饮用水，在很多时候也会由物质的化学反应生成水。

宇航员的如厕系统

或许在地面上大小便很方便，只要去一趟厕所就解决了。但在太空中这却成了一件令人头疼的事。太空中的微重力使任何物体都可以到处飞，食物飞起来可以抓回来，工具飞起来也可以抓回来。但要飞起来的是大小便，可怎么办？如果处理不好大小便，不仅会使整个空间站内满是污秽，而且还会使仪器、设备短路，发生危险，所以大小便问题就成了大问题。因而，空间站中的厕所不仅要求尺寸合适，而且还要求具有能吸出大小便的吸力。尽管男女生理结构不同，不过，现在已设计出了男女通用的厕所。

据资料透露，该便桶的中央有一个管道，管口有活动盖板，管口周围还有一圈很小的吸孔，便桶的右侧有控制杆，可以操作吸孔和盖板的开关。便桶两侧还各有一个把手，宇航员飘到便桶上后将把手向内拉，让它们铐住自己的大腿，这样人就不会在解便时飘走了。宇航员坐好后将控制杆向前推，盖板和吸孔同时打开，大便就通过吸孔被吸走了。然后再将控制杆拉回原位，管口就被盖上，吸泵也被关掉，这时粪便就被隔绝在便桶下面了。用过的手纸不能扔进便桶,便桶左侧的控制杆上有个小桶,它的功能类似真空吸尘器,手纸放进去后会被牢牢吸住。用完后这个小桶要放回到便桶的背后。

那么小便时又怎么办呢?资料上显示,便桶上有一根吸尿管,尿液由这根管子进入储尿箱,为方便不同性别的宇航员使用,吸尿管的吸头有两种,男性用漏斗状吸头,小便前将它接在管子上;女用吸头则是根据女性生理构造设计的,不会有丝毫泄漏。宇航员在升空前要反复练习如何使用太空便桶,看来太空中的"方便"并不方便。

宇航员的睡眠系统

我们或许知道,在失重的环境里,躺下和站着没有区别,所以说宇航员可以不用躺在床上睡觉,他们可以在任何地方、以任何姿势睡觉。宇航员在睡眠中会像灰尘一样在舱内飘来飘去,但是没有谁是这样睡的,因为这样一来就会发生相互碰撞或是撞在舱壁上,人就会不断被弄醒,弄不好还会被撞伤。再说,如果有人上厕所,就要一路走一路把飘浮在四周的睡眠者推开。那么,应该如何睡呢?宇航员一般都睡在布制的拘束袋内,睡袋的顶端系

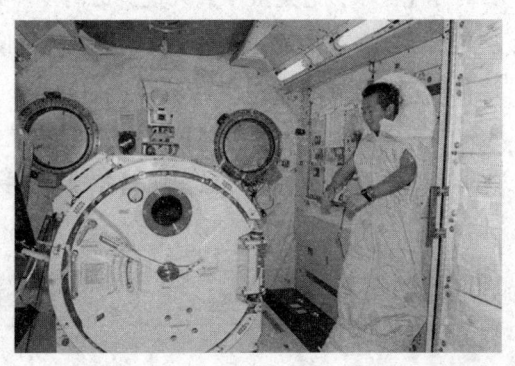

宇航员睡眠

在一个固定的位置或是两端都固定,人钻进去后拉上拉锁,这既保暖又可固定睡眠者。因为在空间站里,宇航员较多,有时也在生活舱中设置双层床,可睡多人,但睡前也要将身体系牢,以免睡着后飞走。在失重环境里睡觉有一个奇怪的现象,就是当人睡着后双臂会自己摆动,这是很有趣的。

在太空,宇航员每次睡觉不超过 8 小时,其实很多人不愿睡足 8 小时,而更愿早点儿起床观赏太空美景。事实上,在太空睡觉和在地面一样,也会做梦,此外也会打呼噜,只不过如果是在地面上,当你翻身时鼾声就会停止,

而在太空的失重环境下不存在翻身的问题，所以一旦打起呼噜便很难停下来。

如果大家都睡了，空间站的运行会不会受影响呢？在空间站，人员分为两组，总有一组在值班。不过无论宇航员是醒还是睡，地面指挥中心时刻都在监视着空间站系统的工作，一旦有紧急情况，警铃会叫醒熟睡者。

航天医学

航天医学又称宇宙医学，是发展载人航天事业的重要学科之一，而载人航天的发展又促进了航天医学的发展。从医学分类上说，航天医学是一门特殊的环境医学，它是由于载人航天的科学实践需要，在航空医学的基础上发展起来的。在科学研究与发展领域中，航天医学又属于生命科学的一个部分，涉及所有的医学专业，包括基础医学研究和临床各科，无论是治病、防病、保健和康复，还是挖掘人体的潜能都与它有关。航天医学的目的是使人体在特殊环境中能适应、能耐受、能完成航天的特殊作业。

如何维护空间站

空间站及其设备需要经常维护修理，这是很自然的道理。但是，这项工作是在轨道上做，还是把分离出来的单元和组件带回地球修理好呢？修理工作及单元和组件的更换，在太空进行确实是更困难些，尽管如此，空间站的设计师们还是规定维护、修理以及设备的置换必须在飞行中进行。若将有故障设备由专门派出的宇宙飞船运回地球，修理后再派船送回太空，费用实在太高，无法接受。

前苏联和美国的载人航天飞行经验表明，在空间，航天员有能力纠正设备中的各种类型故障。他们会及时采取正确措施，在危急状态下修好有故障系统。这种情况在前苏联的"礼炮"号、"和平"号空间站以及美国的"天

空间站的奥秘

空实验室"中都发生过。

例如，弗拉基米尔·廖科夫与万利弗·路敏曾设法将足有3层楼房大小的无线电望远镜天线从"礼炮6"号空间站分开，但是被卡住了。要做这项工作，必须到开放空间去。由于他们的出色工作，问题最后解决了。又如当"天空实验室"进入地球轨道后，它的热防护层被扯掉，要进行修理。由于美国航天员训练有素，在地面上曾受过模拟修理训练，因此他们在轨道上成功地执行了修理任务。又如1984年，在"礼炮7"号空间站逗留过237天的列沃尼特·砍什和弗拉基米尔·索洛伏夫对推进系统进行过复杂的修理工作。如氧化剂开始泄漏时，传感器不能指示泄漏点。要寻找出泄漏点并进行密封非常困难。这里必须把故障区划分为小区，从瓶中取氮，为做这些工作，航天员不得不5次进入开放宇宙空间才终于修好。这种工作以前在航天飞船上从未做过，而且只能在轨道上进行。"和平"号空间站量子2号舱的舱口盖紧固部件损坏了，曾多次修理都未修理好。1991年1月7日至26日，航天员阿法纳西耶夫和马勒罗夫不得不再次修理，他们先后三次来到开放空间，用专门工具拆下损坏的舱口盖紧固件，换上了由"联盟TM"送来的新部件，才算修理好。在开放空间，航天员停留时间有限，修理操作在高速飞行中进行，再加上穿着航天服，修理不如地面方便。但总的说来，日常维护应在飞行中做，有的也只能在飞行中做；但也不能绝对排斥例外情况，当有必要检修某些重要部件或设备的唯一零件时，可能需要运输飞船或航天飞机把它运回地球，在工厂修理后重返地球轨道。

工作在空间站

自空间站问世以来，人在太空有了长期栖身之地。在20年里，前苏联已把136人次送上轨道站，其中宇航员柳明三上太空，两创长时间飞行纪录，累积时间363天；宇航员基齐姆三上太空，有一次创下236天的飞行纪录，3次累计时间373天，超过一年；宇航员罗曼年科也是3次飞上太空，一次创326天的飞行纪录，3次累计飞行时间达到429天。季托夫和马纳罗夫两位宇

走进太空世界丛书 71

航员，在太空连续居留一年，达366个昼夜。

1987年12月21日，由季托夫、马纳罗夫和列夫钦科组成的三人乘员组，乘坐"联盟TM-4"号飞船升空，两天后飞船与"和平"号轨道站对接，他们与早在站上工作的宇航员罗曼年科、亚历山德罗夫会合，共同进行了为期7天的联合研究工作。12月29日，列夫钦科随罗曼年科、亚历山德罗夫返回地面，"和平"号轨道站上留下季托夫和马纳罗夫继续在太空飞行。

季托夫和马纳罗夫在一年的太空飞行中，先后有"进步34"号至"进步39"号6艘货运飞船飞抵"和平"号轨道站对接，给他们运去了食品、饮水、仪器、设备、燃料和邮件。他们还接待了3艘飞船9名航天员到站上进行短期科学考察，开展联合科学实验活动。1988年2月26日，季托夫和马纳罗夫进行了一次太空行走，对太阳能帆板进行了检修，共用4小时25分钟。1988年6月7日，"联盟TM-5"号飞船载3名宇航员到"和平"号轨道站，季托夫和马纳罗夫在太空生活半年之后见到地球来的使者，同他们一起进行了10天太空合作考察活动，取得许多成果。

两个半月后，他们又接待了第二批到轨道站访问的3名宇航员。8月29日，"联盟TM-6"号飞船发射上天，两天后与"和平"号轨道站对接。5名宇航员联合进行了20多

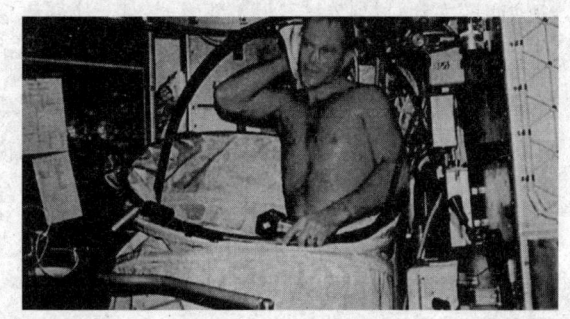

宇航员在太空栖身

项实验。11月26日，他们又在轨道站上欢迎乘"联盟TM-7"号飞船上天的3名宇航员来访，共同进行了26天的联合科学研究工作。12月4日，这6名宇航员在太空举行了一次别开生面的记者招待会，通过电视屏幕回答了地面记者的问题。

当中国记者向季托夫提问他在太空飞行将近一年的感想时，他高兴地回答说："苏联宇航员已经积累了长期飞行的经验，证明人是可以长期在太空生

活的。我们身体状况很好,如果需要,还可以在太空比原定计划多工作一段时间。"这两名宇航员于1988年12月21日返回地面,结束了这次长达366天的太空飞行。

宇航员维修国际空间站

国际空间站是由美、俄等16个国家联合建造的运行在近地轨道上的巨型航天器。它计划耗资600亿美元于2005年前建成。整个空间站需俄罗斯火箭48次发射和美国航天飞机30次飞行运送,最终在轨道上组装完成,可载7人长期工作。目前在太空运行的国际空间站的基本部分,是由1998年11月发射的俄罗斯"曙光"号功能货舱与同年12月升空的美国"团结"号节点舱对接而成的。航天飞机与国际空间站的上一次对接是在1年前进行的。

升空运行几年来的国际空间站,在这次维修之前面临的情况十分严峻。空间站上的6块太阳能电池板中有4块不能正常工作。强烈的太阳活动导致大气活动加剧,增加了空间站的飞行阻力,使其飞行轨道每周下降2.4千米~3.2千米。个别电子系统和机械设备在运作中出现故障,影响了舱内的照明、站体的运行、装置的工作和下一步的组装,必须抓紧时间解决。

"亚特兰蒂斯"号航天飞机原定于2006年4月24日发射上天,因发射中心当日风力太大而被迫后延。随后两天进行的两次发射尝试也由于天气原因而被取消。直至20多天后的美国东部时间5月19日凌晨6时11分,它才得以发射升空,飞向建设中的国际空间站。这架航天飞机运载着7名机组成员和900千克物资设备,经两天的太阳追逐之后,终于于格林尼治时间5月21日凌晨4点31分,在俄罗斯与乌克兰边界附近上空与国际空间站顺利对接。

对接数小时后,宇航员们便开始了繁忙的空间站维修工作。

所谓太空行走,是指宇航员身穿航天服背上通讯背包和喷气背包,不系安全带而到航天器外单独进行的太空活动,实际就是人体地球卫星。喷气背包由压缩氮气箱、供气系统、喷气推进器、电子控制设备、温度控制装置和蓄电池组成。

在进入空间站以后,6名美国宇航员和1名俄罗斯宇航员曾在航天飞机与空间站连接处采集站内的空气标本，并测试其中二氧化碳的含量等，以确认在空间站工作的安全性。鉴定证明这些问题后，宇航员们才由航天飞机进入"团结"舱。他们发现站内一切正常，只是气温偏高。在 5 月 26 日航天飞机与空间站对接之前，宇航员们将把 900 千克的物资设备转移到站内。这些补给品是为以后宇航员长期在空间站上停留做准备的。

5 月 23 日，宇航员们又以太空行走的方式，更换了国际空间站发生故障的 4 块太阳能电池板。站上的 6 块太阳能电池板都是从 1998 年 12 月开始启用的，其中有 4 块已经逐渐失效，致使站内供电不足。更替后，恢复了空间站所需的全部电力。在航天飞机与空间站对接 5 天的飞行过程中，宇航员们还利用"亚特兰蒂斯"号上的火箭推进器产生的推力把空间站提升 40 千米，使其恢复到了正常的轨道运行。

与此同时，宇航员们还对国际空间站的内部进行了保养维修。新安装的风扇等设备保证了站内空气清新。整个空间站内外的维修工作共计 100 多项，宇航员均已完成。经过整修，国际空间站目前面貌焕然一新。赫尔姆斯 5 月 28 日在航天飞机上举行的太空新闻发布会上说："空间站的感觉就像家一样。"

国际空间站宇航员科学研究工作繁忙

2006 年 11 月 30 日，国际空间站（ISS）宇航员一个个都忙着做科学研究。美国宇航局官员和空间站指挥长迈克尔·洛佩斯·阿里格利亚和他的二位"远征 14"的同机成员正在他们的轨道实验室里开辟新天地，让空间站里的一些新工具工作起来。

"为科学研究增加设施时，我们正在进行的过程已经大大扩张了调查研究的种类，这就是我们在空间站上能做到的，"位于约翰逊太空中心的美国宇航局的运作 ISS 项目科学家朱莉·鲁宾逊说。

自 2006 年 9 月中旬以来，洛佩斯·阿里格利亚乘"联盟"号航天飞机住进了 ISS。如今在 ISS 的还有欧洲空间局的宇航员托马斯·莱特，也是一位飞行工程师，是今年 7 月在"远征 13"期间到达 ISS 的。

跟踪营养、健康和工作能力的关联

ISS上最杰出的新鲜科学研究是洛佩斯·阿里格利亚的跟踪营养的作用,以记录他在太空的饮食是如何影响他在零重力状态下的工作能力的,鲁宾逊说。

名为"营养与状态调查"的实验,是在洛佩斯·阿里格利亚6个月的任务中,跟踪他的健康与其食物和他摄取的营养成分之间的关系。"这比单纯的营养研究要深入得多。我们正在寻找氧化作用、辐射暴露和其他的影响,"鲁宾逊说。

美国宇航局科学家知道,人体长期在太空中经受着实实在在的变化,包括骨质丢失和肌肉萎缩,同时还有维生素D的稳定下降。明白了这些变化,就可以开发对策来保持人体健康,这对未来到达月球和火星的长期任务至关重要,研究人员表示。

虽然美国宇航局特别记录了他们的宇航员在航天飞行前后的生理状况,但"远征14"是首次让太空飞行员抽取血样,并在飞行时把血样保存起来,准备回到地球上后再对它们进行分析。其结果将是"最全面的跟踪",鲁宾逊说。

对洛佩斯·阿里格利亚进行实验的核心是将在空间站的"人类研究设施2(HRF-2)"

洛佩斯·阿里格利亚在国际空间站保存营养实验样本

工作的一台新的制冷器安装到美国宇航局的"天空实验室"里。2006年7月由"发现"号航天飞机运送的零下80℃实验室制冷器(MELFI)到达了ISS,但在"远征14"期间,它的4个制冷单元首次才处于制冷中。

跟踪轨道睡眠和活动方式与生活适应性的关系

洛佩斯·阿里格利亚还在参与的一项研究是跟踪他的轨道睡眠和活动方式以了解如何提升其身体对空间站上的生活适应性。在空间站，宇航员每围绕地球转动90分钟就过一个白昼和黑夜。

"先前对航天飞机员工的研究表明，他们的睡眠模式非常糟糕，"鲁宾逊说，"令人担心的是，这种糟糕的睡眠模式会导致随后出现糟糕的工作表现。"当生活在这种不可宽恕的真空环境中时，机警和发挥好的员工是保证工作成绩和安全的关键。为监测他自己的睡眠模式，洛佩斯·阿里格利亚在其手腕上戴了一个手表样式的装置，叫Actiwatch，是由光敏感元件和行为监控器构成。"它静静地记录他的睡眠模式和曝光量，"鲁宾逊解释说。此外，洛佩斯·阿里格利亚还要记独立的日志，然后与Actiwatch的数据进行比较。

植物、学生和俄罗斯的实验也在紧张进行中

俄罗斯宇航员莱特和秋林也在ISS上紧张进行他们自己的科学实验。秋林的研究项目包括用于科学和商业组织的实验。其中有调查蛋白质的结晶化、上周进行的轨道高尔夫球发射、生物医学研究太空中的心血循环和太空上尽力监控和预测地球上的自然和人为疾病。

与此同时，莱特也在花一些时间研究在不同光线和重力环境下，使用欧洲模块培育系统（EMCS）种植植物。在一倍地球重力下进行初始期培育后，通过此系统使用一系列离心分离机，让小苗分别在零重力、部分重力和二倍地球重力下成长。

"植物有重力感觉系统，红光感觉系统和蓝光感觉系统，"鲁宾逊解释说，"在最后阶段，我们将收获种子，并将它们冷藏在零下80℃实验室制冷器中，等稍后回到地球后，科学家就能检查一下它们的基因。"

名为根茎趋光性感应机理分析的这一实验，是从种子开始录像、取样和分析植物，确定哪种基因可以在微重力环境下成功地生长。研究人员希望此实验将可以在未来长期航天任务中帮助发展相适应的农业种植。

鲁宾逊表示,"远征14"的宇航员不是ISS上做实验的唯一人员,来自107所学校和12个国家的6585名学生也在使用ISS上的照相机来研究地球。他们在连续的EarthKAM项目(这是中学生了解地球知识——让中学生们能够通过安装在航天飞机上的照相机对地球进行拍摄,然后再对传输回的照片进行分析研究的项目)中,记录了1400张地球照片。

同时,美国宇航局的STS-116航天飞机宇航员已经整装待发,于12月7日发射到了ISS,为7个新的科研项目交付研究工具,并将9个正在进行的实验的样本运回地球。"因此,这是非常忙碌的时期,这一时期让数百科学家受益。"鲁宾逊说。

俄罗斯宇航员莱特在操作欧洲模块培育系统

那些璀璨的空间站
NAXIE CUICAN DE KONGJIANZHAN

　　1971年4月19日，前苏联发射了第一座空间站"礼炮1"号，从此载人太空飞行进入一个新的阶段。到目前为止，全世界已发射了9个空间站。其中前苏联共发射8座，美国发射1座。

　　空间站又称航天站、太空站、轨道站，是一种在近地轨道长时间运行，可供多名航天员巡访、长期工作和生活的载人航天器。空间站分为单一式和组合式两种。单一式空间站可由航天运载器一次发射入轨，组合式空间站则由航天运载器分批将组件送入轨道，在太空组装而成。其结构特点是体积比较大，在轨道飞行时间较长，有多种功能，能开展的太空科研项目也多而广。空间站的基本组成是以一个载人生活舱为主体，再加上有不同用途的舱段，如工作实验舱、科学仪器舱等。空间站外部必须装有太阳能电池板和对接舱口，以保证站内电能供应和实现与其他航天器的对接。

　　从1971到2011年四十年弹指一挥间，尽管有失误甚至失败，但空间站走过的这四十年仍然是辉煌的。让我们回眸一一细数那些曾经璀璨的空间站。

那些璀璨的空间站

由"礼炮"到"和平"

据史料记载，前苏联创造了多个人类登天的"第一"神话。简单罗列如下：

1957年，前苏联成功发射了世界上第一颗人造地球卫星。

1957年，前苏联将第一个太空动物——小狗"莱伊卡"送入轨道。

1959年，前苏联"月球2"号成功升空，成为首次飞到月球表面的航天器。

1961年4月12日，前苏联宇航员加加林乘"东方1"号飞船升空，历时108分钟，首次代表人类进入太空。

1963年6月16日，前苏联女科学家捷列什科娃乘"东方6"号飞船升空，成为人类第一位登天的女英雄。

1965年3月18日，前苏联宇航员列昂诺夫走出"上升2"号飞船，离船5米，停留12分钟，首次实现人类航天史上的太空行走。

1970年12月15日，前苏联"金星7"号探测器首次在金星上着陆。

1971年4月，前苏联"礼炮1"号空间站发射升空，是人类第一个成功发射的空间站。

1971年12月2日，前苏联"火星3"号探测器在火星表面着陆。

1982年4月，前苏联成功发射第二代空间站——"礼炮7"号。

1984年7月25日，前苏联女宇航员萨维茨卡娅在太空走出"礼炮1"号空间站，是第一个在太空行走的"天仙女"。

1986年2月20日，前苏联发射"和平"号空间站。

前苏联为何重点发展空间站

前苏联之所以重点发展空间站，一方面由于空间站的出现是航天技术发展和航天活动的效益直接促成的。20世纪50~60年代，人造卫星和载人飞船先于空间站出现。但从长远来看，人造卫星和载人飞船只能够满足探索太空的暂时需要，而人类未来的太空科学活动必须有更为先进的航天技术产物上天作业。人造卫星和载人飞船各有不足，人造卫星规模太小，载人飞船不能长期飞行，这就需要有新型航天器来改善这些局限，空间站则成为美、苏两大航天强国的发展目标。随着航天技术的深入发展，人们开发太空资源的迫切愿望，以及美、苏之间的竞赛，都促成了空间站计划的实行。

另一方面，前苏联在 20 世纪 60 年代末开始把空间站作为未来航天计划发展的核心。此时，美国把重点放在了航天飞机上。而前苏联人则认为，只有空间站才能在轨道上长期停留，使人类可以在轨道上长期工作，这样才能更加充分利用空间资源，将太空探索向深远发展。为了人类的长远目标，比如太空旅行、太空移民等等，空间站是未来梦想的基础。

基于此，前苏联在 20 世纪 60 年代以后，着重空间站技术的研究。此后他们先后成功发射的三代空间站就是最好的研究成果，成为至今无人企及的航天成就。

前苏联第一代空间站——"礼炮 1"号至"礼炮 5"号

1971 年 4 月 19 日，前苏联"礼炮 1"号空间站发射升空。巨大的"质子"号运载火箭将第一个空间站"礼炮 1"号发射上天，运行轨道为近地点 200 千米，远地点 222 千米，倾角 51.6 度，运行周期 88.5 分。

它成为世界上第一个绕地球长期飞行的空间站，这标志着人类进入太空的新阶段的开始。人类的航天活动已经从规模小、飞行时间短的载人飞船进入到规模较大、飞行时间较长的空间应用探索与试验阶段。由于是第一次飞上太空的空间站，所以"礼炮 1"号带有试验性质。它也是本着简单性、通用性、渐改性的原则而设计，这样可以缩短研制时间，降低风险，挖掘潜力，为以后空间站技术的发展奠定了基础。

"礼炮 1"号全长 12.5 米，最大直径 4.15 米，总重 18.5 吨，由 3 个不同直径的圆柱形舱段构成，即对接过渡舱、工作舱和设备舱。

空间站前端比较细的部分就是对接过渡舱。舱段长 3 米，直径 2 米，里面主要装载仪器设备如天文物理望远镜、交会对接设备、交会雷达、光学瞄准仪、电视摄像机、温控系统、陨石探测器、仪表板、燃料泵；外面装有对接天线、姿态传感器、指示灯等。但是它更重要的是起对接作用，在它的前端有一个对接口，可以与其他飞行器进行对接，使得宇航员或是其他飞船运来的物资可以进入空间站。

处在中间的部分就是工作舱。整个工作舱的长度为9米，小舱直径2.9米，称为第一工作舱；大舱直径4.15米，长4.1米，为第二工作舱。在两个工作舱之间有一个长1.2米的连接锥体。工作舱是空间站体积最大、作用最重大的舱段。因为这里不仅有大量设备，更是宇航员工作、生活的地方。由于人是空间站正常运作的保证，所以这里是人类在太空工作的第一个控制中心。

第一工作舱。在第一工作舱内有主工作台和控制仪表，用于控制空间站的各种工作和动作。这里也是宇航员的生活舱，舱内有餐桌、饮水箱、食物加热器等必需品，保证了宇航员在太空的吃饭需要，是太空中的"餐厅"。在舱外还有一对像蜻蜓翅膀一样的太阳能电池帆板，它主要的任务是给空间站的各个部分供电。

第二工作舱。在第二工作舱内主要安放科学探测仪器，如X射线望远镜、4块仪表板、陀螺控制系统等。工作舱的上部还备有一个寝室，里面备有睡眠袋。在这个舱内的工作台后面有一个太空体育场，供宇航员进行身体锻炼。所以这里也是宇航员的居住舱和运动舱。舱外有真空防热层，内部为密封工作舱，可以预防微流星的撞击。

看起来工作舱好像很简单，除了一些设备，那里也像我们地球上的房子一样，有餐厅、卧室、健身房等。实际上，这里的一切都是经过反复研究设计的结果，每一样都极为讲究、严格。因为在离地球数百千米的空间，是一个高真空、微重力、高洁净的环境，辐射非常强烈。宇航员在这种环境下生活，会有常人想象不到的麻烦，甚至是致命的危害。比如：空间强辐射和失重会对人体机能产生各种影响，体内液体可能向上体转移，体内血量减少，骨质的矿物质流失，致使骨质强度降低、肌肉萎缩等等。所以，在第一舱，仪器设备都是有规律地安放在仪器设备架上，可以像抽屉一样，不但拆装、检修方便，而且使舱体中间部分有较大的空间供宇航员活动；第一舱还有多种多样的加工食品的器具，可以做出可口的食品，以保证宇航员的营养、健康。在第二舱有各式的健身器（如跑步机、拉力器、自行车运动器等），使得宇航员可进行活动锻炼，保证良好的身体素质。总之，空间站的一切设计都尽量合理、科学，为人类在太空创造良好的工作环境和生存条件。

空间站最后边的部分是设备舱。设备舱直径与第二工作舱相同，为2.2米，长3.7米。这是一个不密封的舱段，在内部装有轨道修正发动机和姿态控制发动机组，以及燃料储箱、离子传感器。在舱的外部还装有用于交会对接的雷达天线和电视摄像机。

虽然"礼炮1"号空间站主要带有试验性质，但空间站技术比载人飞船要复杂得多。由于开始经验的不足，"礼炮1"号的航行并不是一帆风顺。

空间站设有跑步机

"礼炮1"号空间站在发射时不载人。1971年4月23日，前苏联宇航员弗拉基米尔·沙塔诺夫、阿力克塞·叶利谢耶夫和尼古拉·鲁卡维什尼克夫乘坐"联盟10"号飞船与"礼炮1"号成功对接，但由于机械故障，未能进入空间站，实际上只进行了一次对接试验。1971年6月初，"联盟11"号飞船再次飞向太空与"礼炮1"号空间站进行对接，对接进行得很成功，"联盟11"号的3名宇航员进入了空间站，在里边工作了3个星期。他们检查了空间站各系统的工作情况，同时进行了医学试验，进行了对天文和大气的观察试验，还有无土栽培植物的技术试验等，取得了可喜的研究成果。但不幸的是，当他们于6月29日再次返回飞船，并且成功地与空间站分离，在返回地球的途中，快到地面的时候，飞船的返回舱突然发生漏气故障，由于舱内氧气泄漏，宇航员又没有穿宇航服，结果3名宇航员因缺氧而窒息遇难。

那些璀璨的空间站

这起重大事故使人们认识到飞船安全可靠性的重要,"联盟"号飞船被进行重大修改,"礼炮1"号的使命也随之结束。

"礼炮1"号空间站于1971年4月19日发射,10月11日结束飞行,在轨共飞行了175天。其间虽有不足,但它的飞行基本上是成功的。它毕竟是人类第一个空间站,由它而得的经验教训、太空科研成果对日后有着不可估量的价值,它使人类与梦想更加靠近,是人类征服太空的重要一步。

"礼炮1"号之后,前苏联又先后发射了"礼炮2"号至"礼炮5"号,构成了第一代空间站。

1973年4月3日,"礼炮2"号发射升空(运行55天后因失控坠毁)。

1974年6月24日,"礼炮3"号升空。

1974年12月26日,"礼炮4"号成功发射(飞行768天后于1977年坠毁)。

1976年6月22日,"礼炮5"号升空(共飞行412天)。

1971年"联盟"号事故之后的几年是前苏联航天史上的暗淡期。"礼炮2"号失控爆炸,"礼炮3"号至"礼炮5"号外形基本相同,结构有一定局限性,对接成功率低。虽然这一阶段频繁发射空间站,但是接二连三的故障使得这一代空间站成就并不十分显赫。

通过上述5个试验性空间站的建造与运行,宇航员们不仅做了大量试验,而且创造了在轨63天的纪录,其自身作为试验对象为人在空间的长期工作和生活提供了宝贵的验证机会。这些成绩使前苏联朝着建造永久性载人空间站的目标迈出了重要一步。

到"礼炮5"号为止,第一代空间站的研制和试验任务就算告一段落。第一代的空间站还不算成熟,出现的事故比较多,而且飞行的时间也比较短,航天技术的发展需要一个循序渐进的过程,尤其像空间站这样大型而复杂的载人空间飞行器,必须从失败和挫折中吸取经验和教训,不断改进创新,才能逐渐向成熟的方向发展。

前苏联第二代空间站——"礼炮6"号与"礼炮7"号空间站

前苏联的第一个实用型空间站是1977年9月29日发射的"礼炮6"号,

它有两个对接口，可同时与两艘飞船对接，组成轨道联合体。如果把前 5 艘"礼炮"号太空站算作前苏联轨道站的低级形式的话，那么"礼炮 6"号太空站就可以看作这一代太空站的改进型。"礼炮 6"号是在载人或不载人的情况下供科学考察和实验用的太空站的主体部分，它可以同时和载人或不载人的两艘飞船对接，组成一个飞船复合体。

"礼炮 6"号太空站由过渡舱、工作舱、中间室这 3 个密封压力舱，和装科学实验仪器的仪器舱及两个非密封舱组成。它和以往"礼炮"号太空站的不同之处主要表现在下列几点：

它有两个对接部件，加强了太空站的生命力和机动性能。它可以同时对接两艘飞船；万一一个对接口装置出故障，另一个对接口还能使用。

另外，有些空间实验工作需要多一些人参加，能有两艘飞船对接，工作的宇航员就能达到 4~6 人。

"礼炮 6"号太空站的发动机装置能接受空中加油是一项重大的改进。前苏联在"礼炮"号太空站上装置了变轨发动机，作轨道定向用。在需要的时候，也可以改变太空站的轨道高度，从而大大延长太空站的寿命。但是发动机必须要补充燃料，而补充高度挥发和腐蚀的肼和四氧化二氮这样的火箭燃料，即使是在地面上也是十分危险的。1978 年 1 月 20 日，前苏联发射了自动货运飞船"进步 1"号。22 日莫斯科时间 13 点 12 分，"进步 1"号靠上了"礼炮 6"号，顺利地完成了太空加油任务。前苏联科学家对"礼炮 6"号太空站发动机的改进以及完成太空加油，被认为是一件很了不起事情。由于这项改进，以及有效载荷达 2300 千克（1300 千克物资及 1000 千克燃料）的"进步"号货运飞船的试验成功，太空站有了可靠的后勤保障。

"礼炮"号太空站的第三个改进是添置了许多新的器材和设备，可以保障宇航员走出太空站，直接进行操作和修理工作。此外，这个太空站对宇航员的生活环境和工作条件也作了一些改善。依靠"进步"号货运飞船，太空站宇航员可以比较舒适地长期生活在宇宙空间里。

"礼炮 6"号太空站是 1977 年 9 月发射的，当时它携带了一套重 1.5 吨、包括有 50 多种仪器的综合考察设备。在这个太空站上，宇航员从事和完成了大量的科学实验项目。其中主要有以下几个方面：

"礼炮6"号上装有一个重量为170千克的广角宇宙照相机。借助这台照相机宇航员拍摄了数以万计的照片。根据这些照片绘出了曼格什拉克半岛盐渍化地区图和黑海薄冰区水下地形图，发现了阿尔泰山区早先没有发现的冰川，帮助校正了正在建设中的贝阿大铁路的某些线路路段，及时防止了森林害虫对森林的危害，提供了关于森林、大气、土壤的干旱程度以及气流方向和速度等资料。依靠这些照片还能发现地下矿藏。

"礼炮6"号上装置了一台650千克的亚毫米波望远镜，它的主镜头直径就有1.5米。有了它，宇航员观察地球和宇宙的视野大大扩展了。1979年6月28日，货运飞船"进步7"号又给"礼炮6"号太空站送去了世界上第一个宇宙射电望远镜。它和安置在前苏联克里米亚的一台直径70米的射电望远镜可以进行同步观察。

以往，两架望远镜的间隔距离不能大于地球直径。现在这个距离被突破了，观察鉴别能力也更强了，这为测量观察银河系、类星体和其他星群提供了良好的条件。

射电望远镜借助量子加速器，可以测到极微弱的射线，其灵敏度比光学望远镜强数百乃至数千倍。"礼炮6"号上的射电望远镜像一把自动张开的"雨伞"，"伞把"由3根支柱组成，射线接受器就安装在这上面。射电望远镜的控制台装在空间站的舱内，直径10米的抛物面天线伸出在太空站外。有了它，不管白天黑夜，不论天气好坏，宇航员都能测到地球表面的各种气象数据、海洋变化资料等等。

"礼炮6"号上的加热电炉是瓶状的，有多种用途。它可以自控温度和时间，能对所研究的物质加热、保温或冷却。用这种电炉和半导体晶体炉，可以在失重条件下获得半导体材料的单晶体、金属合金和化合物。宇航员研究了在地球上无法制造的材料的生产工艺。此外，考虑宇宙工厂的生产和永久太空站的建设，宇航员还进行了焊接、切割等工艺试验。

"礼炮6"号太空站上的宇航员在空间培植了郁金香，宇航员们把郁金香球茎种植在一种能产生人造重力的小离心机里，生长情况良好。宇航员还进行了小动物试验，从地面带到太空站的小蝌蚪在空间上下翻滚，似乎不辨方向。这些都表明宇宙失重对动、植物生长有一定影响，但通过反复试验是可以找到适合的生长环境的。

主要是在进化生物学、遗传学和外层空间生物学方面获得了新的资料。对人体长时期在轨道飞行，历来医学界有不同看法。失重对人体有很大影响，失重状态下，人的心脏跳动、新陈代谢、人体中氧气的消耗都比正常情况稍慢。此外，人的骨骼由于不承受身体的负荷，钙盐会减少；肌肉活动的减少，会使肌肉萎缩；血液循环系统的变化会使血液和血浆都减少。

宇航员们反映，由常压状态进入失重状态，有一个适应过程，如要完全适应轨道站上的生活，一般需两周至一个月的时间。反之，当从失重状态转回常压状态，同样是一个极不舒服的过程，好像有一种力量把他们的身子往地面上压，站立行走都不便，也需要再适应。这种再适应过程的长短因人而异，一般在宇宙中待的时间越长，再适应的过程也就越困难。无论是美国的宇航员还是苏联的宇航员，在宇宙航行时，都有"恶心"、"感觉不舒服"等反应。但一般在闯过飞行5天大关后，情况会稍好些。尽管他们普遍有叫苦现象，但人类在太空逗留的时间都越来越长。

资料表明，前苏联宇航员在"礼炮6"号太空站上的生活是有规律的，也是比较丰富多彩的。在宇宙飞行时，白天和黑夜的概念与地面上完全不同。由于"礼炮6"号绕地球一圈是90多分钟，所以每隔90分钟就有一个黑夜降临。因此宇航员的作息时间表是根据地球上的生活规律制定的。

"礼炮6"号上的宇航食品已经比较丰富了。专家们把宇航员的饮食热量提高到3100大卡，这比"礼炮4"号的食物提高了300大卡。宇航员的食物和地球上已无多大区别。主食面包是由一个专为宇航员服务的专业化面包房烤制的。为避免咬开时碎屑到处"漂浮"，面包制成方形，每个重4.5克。每10个装成一塑料袋，吃时一口一个，放进嘴里再细嚼慢咽。"礼炮6"号上备有约70种食品供宇航员选用。太空站上的厨房设备，使宇航员们能吃到美味的热食，与那种只吃装在牙膏状管子里的单调的泥状糊糊食物的日子"永别"了。

那些璀璨的空间站

迄今为止，不管是前苏联还是美国，在宇宙空间要像地面一样的煎、炒、蒸、煮食物，还有待进一步研究。

"礼炮6"号太空站的宇航员们在轨道上的日常生活是怎样的呢？每天早上7点，自动装置会唤醒宇航员。他们起床后先从柜中挑选早餐，注入水，放在电加热器里。在热早餐的时候，他们用电动剃须刀刮胡子。这种剃须刀附有一个小匣子，剃下的短须都被吸在这个匣子里。刷牙不用牙刷、牙膏，而是咀嚼一种类似口香糖的胶质橡皮糖，让污垢沾在胶质上达到洁齿的目的。洗脸用卫生巾，这种卫生巾浸泡有护肤液，用它擦脸擦手即行。把这种卫生巾和梳子贴在一起，就可以"洗头"。"礼炮6"号工作舱的中部有活动桌子，平时靠舱壁，需用时便放下来。桌上有橡皮扣，可扣住加热好的食物。

此外，宇航员们在"礼炮6"号上每星期要进行一次大扫除，吸尘，更换通风机的过滤器，用潮湿的布巾擦拭座舱舱壁等。这是十分重要的工作，因为太空舱里要做各种实验，会"产生"许多脏东西，不注意清除，航天器就会被污染。

为了克服宇航员长期飞行中出现的孤独心理和改变他们单调的生活，"礼炮6"号太空站上安装了双向电视，不仅宇航员在轨道站的生活和工作情况可以发回地面，地面的情况也能播发到轨道站，宇航员们可以和家属会面、通话。此外，太空站上还有录像、立体音乐，还能看小说、下棋、打扑克。广播电台还为他们播送专门的节目。在通常的情况下，进入太空站工作的宇航员在返回地面时，体重都有下降。但随着宇航条件的不断改善，也有例外。宇航员瓦列里·柳明在"礼炮6"号上工作了100多个昼夜，返回地面时体重居然增加了700克。前苏联医学生物学专家认为，这是"礼炮"号太空站的生活条件和地面的固有生活方式已变得接近的缘故，而其中头等重要的是营养丰富的食物。

当然，轨道上的"礼炮6"号太空站并非一切平安无事。1976年6月，两位前苏联宇航员在记录微陨石的薄片上发现了有近200个"微爆炸"痕迹。这是宇宙中的尘埃和微粒撞击飞船后留下来的。这种肉眼看不到的尘土包含着所谓微陨石。它的直径要以千分之几毫米来测量。由于它以每秒将近80千米的速度运动,所以对在宇宙活动的人来说,无异于致命的子弹。不过进入太空的飞行器在设计时早已考虑到这点,外面已披上了一层"陨石防护屏",所以微陨石奈何不了它。不过,航天器在轨道上受到撞击的风险毕竟是存在的。据统计迄今已有一颗美国卫星和一颗前苏联卫星被撞毁了。

前苏联的"礼炮6"号太空站自1977年9月29日进入轨道,到1982年7月29日重返大气层时烧毁,总共在天上运行了4年10个月。在这段时间里,共有31艘宇宙飞船与之对接,其中的12艘是货运飞船。它共接待了16批33名前苏联及东欧国家的宇航员,实际有人居住的总飞行时间达到676天。宇航员们在"礼炮6"号上完成了包括气象、生物、医学、空间加工等学科的120多项科学实验,取得了大量有价值的资料。

"礼炮6"号太空站的成功,表明前苏联在发射和应用以空间站为中心的航天体系方面已达到相当高的水平;前苏联宇航员波波夫和柳明一次在太空站上工作了185天,围绕地球飞行3000圈,积累了丰富的长期载人宇航飞行经验。

"礼炮7"号空间站1982年4月19日发射入轨。从性能和飞行时间上来说,"礼炮7"号空间站比前几个空间站都要先进。

"礼炮7"号空间站先后共接待了11批28名宇航员,驻站机组人员中有第一个包括女宇航员萨维茨卡娅的混合乘员组,还创造了3名宇航员1984年在太空连续飞行237天的最高纪录。新型空间站的构造与"礼炮6"号基本相同,它还为宇航员准备了新型宇航服和专用修理工具,使宇航员可在站上任何部位进行维修,更换部件。例如,两名宇航员修复了站载机动发动机,使它继续正常运行。宇航员操纵的载人飞船成功地与已不能工作的"礼炮7"号对接,然后进入空间站内排除故障,使它重新工作,此事引起世界航天界的极大震动,它的操作复杂程度和风险程度都是航天史上没有先例的。"礼炮7"号在载人运行的1250天中,曾先后与无人货运飞船"宇宙-1686"、"宇宙-1443"、载人飞船"联盟T9"号、"联盟T15"号等10艘载人飞船,实现了航天器太空"三位一体"的对接航行,创造了航天史上又一个"第一"。

1982年4月,"礼炮7"号发射上天。1983年3月,新型无人货运飞船

"宇宙－1443"号发射上天。不久，这个大型航天器自动对接成功。同年6月27日，载人宇宙飞船"联盟T9"号发射入轨，它准备与"礼炮7"号、"宇宙－1443"号完成一次"三位一体"太空对接。经过绕地球飞行一天，对接准备工作完成。对接最重要的动作是首先保证运行轨道完全一致。然后，就是要求极高的准确性。"联盟T9"号宇航员追赶到与空间站还有110米的距离时，就完全靠自动驾驶仪以每秒90厘米的速度自动接近。到接近完全靠在一起时，地面指挥中心发出指令："对接！"两个航天器开始

"礼炮7"号空间站

缓缓地"软接触"。定向杆轻轻插入对接框的槽内，减震器开始工作，仅用了15分钟就完成了全部对接程序。"礼炮7"号的此次"三位一体"对接为以后的多元复合体的组成提供了重要经验。

"礼炮7"号于1986年8月停止载人飞行，与"宇宙－1686"号无人货运飞船组成"两位一体"轨道复合体转移到更高的轨道上飞行，并继续自动地收集、发回站上各系统工作数据，为研制未来的宇宙复合体、轨道平台提供依据。"礼炮7"号空间站创造了最终工作寿命达8年之久的最高纪录。"礼炮7"号从1982年4月19日发射，直到1991年2月7日坠毁于阿根廷境内的安第斯山脉地区，共飞行了3214天（8年零10个月），不仅创造了空间飞行的新纪录，而且取得了一系列航天成果，充分显示了航天技术的发展潜力。

而"礼炮7"号所做的技术改进主要是：控制系统内部进行了较大的改进，各种发动机采用了相同的燃料，而且燃料储箱的数量也增加了，这样可以共用燃料而减少燃料的携带量。

规模庞大。空间站的外形加大,空间站的重量达近20吨,总长度达15余米,如果前后都对接上飞船的话,总长可达30多米,重量可达32吨多,我们可以想象这个庞然大物在太空游荡的情景。

环境合理舒适化。内部的仪器设备的布局进行了改进、更新,减少了舱内噪声对宇航员的干扰,加大了太空运动场,使宇航员的工作和生活感到更为舒适。

把对接机构做了更新设计。这种设计进一步提高了对接的可靠性。

其他改进:空间站外壳增加了把手,便于宇航员进行舱外活动;太阳能电池帆板增大面积,使供电能力进一步提高;核防护层加厚,以减少舱内放射;科学仪器数量增多、性能更好。

"礼炮7"号空间站入轨后的首次任务就是与称为"宇宙-1443"的无人航天器对接,进行了空间站的扩展试验。

"礼炮7"号空间站在轨运行期间,前苏联女宇航员萨维茨卡娅乘"联盟T-7"号和"联盟T-12"号两次登上"礼炮7"号空间站,同时出舱进行了太空行走,成为世界上第一个在太空行走的女宇航员。

宇航员在"礼炮7"号空间站共进行了6次舱外活动,包括对空间站进行舱外修理;宇航员还首次在一次飞行任务中进行两次舱外活动,成功地为空间站安装了备用太阳能电池帆板;释放两颗业余无线电爱好者卫星;进行120多项试验,拍摄大量太空图片等。

第二代空间站所取得的成功,证明了它比第一代空间站已有了长足的进步,空间站的运行时间和工作能力都有很大提高,但是,它与迅速发展的空间科学技术的发展要求还有一定差距。在长期运行的过程中,人们同时也看到了它的局限,"礼炮"号系列空间站属于相对简单、任务单一的飞行器,他们规模较小,潜力有限,可靠性不高,而且地面与天空通信系统也存在很大问题,虽然它所取得的成就值得肯定,但这一代空间站的不足决定了它并不能满足人类向太空发展的需要,这就决定必须发展规模更大、更为先进的空间站,人类还要进行不断深入的探索。

"和平"号空间站诞生记

据前苏联宣称,它的空间计划的主要目标之一,是建立一个永久性的多功能轨道研究复合体,为其国民经济以及空间研究服务。为此,它在1971年4月19日率先在世界上第一次发射"礼炮1"号试验空间站获得成功。1986年2月20日发射入轨的"和平"号空间站,是在"礼炮"号空间站系列10多年运行经验基础上新设计的新型结构空间站,有很大的优越性。

前苏联发射的"礼炮1"号到"礼炮5"号空间站系列,是第一代试验性空间站。"礼炮1"号空间站发射之后,先后有"联盟10"号和"联盟11"号载人航天飞船与其对接,大大增加了飞行的时间,使需要较长时间进行空间研究的项目有了可能。第一代试验空间站创下的纪录是63天。

研究第一代"礼炮"号试验空间站的运行,发现它有一个重大不足处,就是它只有一个对接舱,因此,在太空只能接待一艘飞船。这就限制了空间站的工作以及每个试验项目持续所需的总时间。

在迈向建立永久性多功能轨道研究复合体的努力中,前苏联的科学家和工程师及时在"礼炮"号基础上建立了"礼炮—联盟—进步"号复合体。这种复合体中的"礼炮"号是"礼炮6"号或"礼炮7"号。它们拥有两个对接舱,可以同时与"联盟"号客运飞船和"进步"号货运飞船进行对接,构成轨道研究复合体。它们是第二代空间站,两个对接舱使得可能给空间站装满供给,并且如果需要,可以更换部分研究设备,其结果是空间站连续运行周期和空间探索持续时间急剧增加,"礼炮6"号工作了近5年;"礼炮

"和平"号空间站

7"号从 1982 年 4 月起开始工作,1985 年以无人自动方式工作时曾一度失去控制,后来又将其修复,接着工作一段时间后被废弃,直到 1991 年 2 月 7 日坠毁。

第二代空间站运行过程显示出来的弱点是,由于第二代空间站"礼炮 6"号和"礼炮 7"号是在第一代"礼炮"号上改型设计的,扩大了研究空间范围意味着航天员生活住区变小以及设备超载。航天员的工作生活条件变差了。其次,空间站是按多用途设计的,证明不适于专门研究。例如,为了研究地球,航天员要将空间站放置在他们能看到地球的高度;当有必要进行天文观测时,这个高度又必须改变。此外,当航天员进行动力研究时,推进系统的能源燃料又发生短缺。简言之,应该研制能排除上述不足的新一代空间站。

"和平"号空间站正是针对这些不足而精心设计成的第三代全新空间站。它的设计,采用一种多模舱结构形式。这种结构,其想法实际很简单:中心舱作为生活区,所有的研究设备放在周围可更换的舱内。"和平"号空间站与"礼炮"号的主要区别是它拥有 6 个对接舱,可以对接上的每个舱能拥有 21 吨的质量;它还拥有更大容量的电站,最大供电力达 23 千瓦,其太阳能电池帆板的面积有 102 平方米,而"礼炮"号只有 51 平方米。"和平"号空间站的 6 个模舱按专业分工,每个专业模舱均能独立飞行离开"和平"号进行专门的空间研究。"和平"号空间站还有一个新设备,在其外壳上安装了一个笔状波束的天线,在飞行中该天线指向中继卫星。当"和平"号空间站超出地面和海上跟踪站无线电接触范围时,它可通过中继卫星和地面测控中心通信。

"和平"号空间站 1986 年 2 月 20 日升空,它有 6 个对接口,可以同时与 6 艘飞船在太空对接,组成一个大型轨道复合体。除了同"联盟"号载人飞船和"进步"号货船对接外,还可以同一些专用组合舱对接。这些专用组合舱可以安装天体物理望远镜、地球探测摄影机以及高纯度合金、晶体和药物的生产装置等。"和平"号空间站不仅扩大了空间研究的范围,而且大大提高了科学实验的效率。

剖析"和平"号空间站的"骨架"

事实上,尽管"和平"号空间站是在"礼炮"号空间站的基础上改进而成的，但是它与"礼炮"号空间站有很大的不同。

从外形看，"和平"号空间站与"礼炮"号空间站没有根本的区别，因为俄罗斯人在下一代飞行器的设计中，最大限度地继承上一代的成功经验，这样不仅可以大大缩短研制周期和节省研制费用，而且更可以充分利用上一代的研究成果。

"和平"号空间站的核心舱长13.13米，最大直径4.15米，整体重量20.4吨，密封容积90立方米。

"和平"号空间站同样由3个舱组成：对接过渡舱、工作生活舱和仪器设备舱。舱段的组成与"礼炮"号空间站基本相同，但是它的内部设备和布局有了很大的变化。

对接过渡舱。位于最前边圆球状的舱段就是对接过渡舱，对接过渡舱是"和平"号上新增加的舱段。该舱的前端呈球形，直径2.2米；而后段是圆台体，最大直径为2.9米，圆台长2.84米，与后边的工作生活舱相连。

与"礼炮"号空间站相比，对接过渡舱最大的改进就是在球形部分上有5个对接口，而"礼炮"号只有两个。这5个对接口的分布是：一个在轴向头部，主要用于与"联盟"号载人飞船对接，而且是宇航员的进出口；而另外4个分别在圆球的4个面上，主要与科学实验舱对接。同时为配合5个对接口，它的对接机构也采用了一种新型机构，还增加了一个辅助机械臂。增加对接口，改变对接结构形式以及配有可以转动的机械臂，这也是"和平"号空间站的一大特点。

而紧接在对接过渡舱后边的就是工作生活舱。工作生活舱与"礼炮"号空间站很相似，也分为两个舱室：即第一工作舱和第二工作舱。第一工作舱的直径为2.9米，第二工作舱直径为4.15米，它们之间用一小段锥体相连，总长度为7.7米。

在第一工作舱的舱体外部同样安装了热辐射器和太阳能电池帆板，舱内主要有控制系统设备（如主控制台等）、空气再生器、水回收处理设备和温度控制设备。工作舱两侧装有两个大型太阳能电池阵，总面积80平方米，总功率比"礼炮7"号大1倍多，达9千瓦。操纵和对接控制系统更为科学。它的

"航向"对接控制装置可以在"和平"号不进行机动的情况下，自动控制飞船与之对接。站上由7台电子计算机组成"综合计算系统"，不但可保证自动对接，还能检验站上所有系统的大部分功能，测出其工作状态数据，而且，一面自动显示所测各项数据，一面还能自动更换备用机件，提前测出空间站在太空的运行情况。

站上的联合发动机装置、调节温度和供氧系统、遥测电视系统、通信系统等，都更加自动化，操纵可靠、方便。还增开了与地面医生、家属的通话专线。整个空间站比"礼炮"号处理的信息量要大2~3倍。

第二工作舱主要是宇航员的生活舱，大致包括餐厅、卧室、健身房和厕所。"和平"号空间站一般可同时供5~6人工作和居住，站内的大气环境与地球上一样，成分、温度相同，一般保持26℃，相对湿度为30%~70%，大气压力为1.1~1.3千帕。从结构和功能上看，第二舱与我们地球上普通人的家庭十分相似，比如餐厅有食品柜、冰箱等，桌椅同时也可以供宇航员娱乐；卧室配有电话、小桌等等；健身房里有跑步机、自行车训练器等。但是，因为是在太空，这些看似平常的东西都变得有些与众不同。举一个小例子：比如宇航员下棋娱乐使用的棋子，就必须经过特殊处理，每一颗底部都有磁性，可以吸在铁制的棋盘上，这样在失重的情况下棋子才不会乱飞。当然，这在整个空间站的设计之中仅仅是极其微小、简单的环节，其他有些在地球上很平常的事情在太空却很难做到，科学家和宇航员则会为之付出常人难以想象的努力。

工作生活舱后面是"和平"号空间站的仪器设备舱，它也是一个圆柱体，长2.26米，直径4.5米。

舱内主要有动力装置，包括两台可摆动的主发动机，32个控制空间站飞行姿态用的小发动机，4个燃料贮箱。设备舱的尾部有第6个对接口，可以与其他飞行器进行对接。在它的主舱中有8台电子计算机，分别对测量数据进行分析处理，并通过给控制系统发指令来控制空间站的运行。

"和平"号空间站刷新的留空纪录一览

"和平"号空间站最引人注目的试验，应该是宇航员克服长期失重、宇宙

那些璀璨的空间站

辐射、太空心理障碍等重重困难后，实现太空的长期飞行。

1987年，宇航员罗曼年科创造了太空生活、工作326天的新纪录。

1988年，季托夫和马纳罗夫将纪录提高到366天。

1995年3月22日返回地面的宇航员波利亚科夫还创造了在太空单次连续飞行438天的最高纪录。

1987年12月21日至1988年12月21日，前苏联航天员季托夫和马纳罗夫在"和平"号空间站上度过了不平凡的一年。

1987年12月21日，"联盟TM4"号宇宙飞船把航天员季托夫、马纳罗夫和列夫钦科带到太空。两天后，他们进入在太空运行的"和平"号空间站，与生活在空间站里的罗曼年科、亚历山德罗夫会合，进行了7天的联合科学研究工作。12月29日，列夫钦科随罗曼年科和亚历山德罗夫一起换乘"联盟TM3"号飞船返回地面，留下季托夫和马纳罗夫继续在空间站工作。从此，他们开始了漫长的太空飞行活动。

季托夫和马纳罗夫每天工作8.5小时，两个小时进行骑自行车等锻炼活动，其他时间吃饭、娱乐及休息。他们在太空中进行了一系列科学实验，如工艺、医学、生物学、天文学等实验，取得了可喜的成绩。

1988年2月26日，季托夫和马纳罗夫进行了一次太空行走。他们走出空间站，完成了更换空间站太阳能电池帆板的舱外活动。他们在茫茫的宇宙空间工作了4小时25分钟才返回空间站。

"和平"号空间站曾与6艘"进步34～39"号运货飞船对接。这些货船先后为他们送去食品、水、科学实验仪器和设备、燃料及信件等。

他们接待了从地面来访考察的6艘载人飞船，同6批9名航天员在"和平"号空间站上相聚，共同进行了多项科学考察与实验活动。来访者中有一名保加利亚航天员、一名阿富汗航天员、一名法国航天员。

1988年11月26日，季托夫和马纳罗夫与来访的4名航天员在空间站里举行了一次别开生面的太空记者招待会，通过电视屏幕愉快地回答了地面记者们提出的各种问题。当中国记者问季托夫在太空一年的感觉及是否还在太空再停留一段时间时，季托夫回答说："苏联航天员已经积累了长期飞行的经验，证明人员可以长期在太空中生活……如果需要，还可以在太空比原计划多工作一段时间。"

1988年12月21日6时33分，季托夫和马纳罗夫乘"联盟TM6"号飞船脱离"和平"号轨道联合体，开始返航，12时57分平安返回地面。

季托夫和马纳罗夫在太空生活了366个日日夜夜，打破了罗曼年科创造的在太空连续飞行326天的纪录，当时在航天史上创下了一个奇迹。

漫谈"和平"号空间站的"功勋"

从1986年2月20日"和平"号空间站上天飞行，到2001年3月结束它的光荣使命，"和平"号整整风光了15年。15年间，"和平"号创下了无数次的辉煌：环绕地球运行了5000多个日日夜夜，共接待了1艘"联盟T"、29艘"联盟TM"宇宙飞船和9架次航天飞机运送的135人次宇航员，其中包括阿富汗、奥地利、保加利亚、法国、德国、叙利亚、英国、美国、日本、加拿大以及欧空局等国（组织）的60多名宇航员；2.8万千米的时速，每天绕地球16次，绕地飞行的总次数超过77000次；50多艘"进步"号和"进步M"号货运飞船给空间站送去了上百吨生活保障物资及科学试验用品。

从另一方面讲，"和平"号又像是一座太空工厂，利用太空微重力、高洁净、高真空、强辐射等特殊环境，制造出了纯度很高的新合金、新材料、新生物制品。与"和平"号基础舱对接的"量子2"号舱、晶体舱，就是一些专门的加工制造车间。宇航员在舱内冶炼出了高纯度的铝镁等合金，拉制出了纯度极高的砷化镓等半导体材料，培育出了纯度比地面制取高10倍的蛋白晶体，生产出了比地球上高100倍的干扰素及抗流感制剂，试制出了医学用的一些酶、激素、抗生素等。

"和平"号上开辟了一间面积为0.09平方米的温室，进行了栽培各种作物的试验，研究了太空失重环境对植物生长的影响。宇航员在站上培育出了100多种植物，包括小麦、玉米、绿豆、黄瓜、西红柿、青椒、萝卜、甜菜、亚麻、棉花及各种花草等。这为未来建立太空封闭生态系统，利用植物制造氧气和吸收二氧化碳提供了经验。

在"和平"号上，宇航员对多种动物进行了大量观察，研究了宇宙航行对生命胚胎发育的作用。1998年，宇航员把15只蝾螈和80只蜗牛带上空间站，研究了失重对它们的机体结构和运动技能的影响；1999年，宇航员把一个装有60只鹌鹑蛋的孵化器带上"和平"号，经过几天飞行，有37只孵化出了小鹌鹑。

宇航员们在"和平"号空间站上还孵化出了小鹌鹑

在"和平"号上，宇航员做了大量的医学试验，研究监测人在失重环境中的生理反应及受到伤害的抢救方法；确定每天锻炼时间，保持血液循环和肌肉调节状态；用超声波装置观察心脏、肝脏、肾脏及肠内血流等。经多次长期研究，解决了防止心脏体积增大、骨组织失钙、肌肉退化等问题。

而事实上，"和平"号也是观天测地的最佳场所。宇航员利用特制仪器测得地球大气电离层的变化，借以预测地震和火山爆发的时间、地点，对监测和预报自然灾害有很好的作用。此外还拍摄了各种恒星、行星的图片，并探测了基本粒子和宇宙射线。前苏联利用"和平"号空间站获取的遥感数据，建立了一个包括国家矿藏资源、农田季节性变化、全球海洋生物变化等的数据库。有一个统计数字表明，1986～1989年，仅遥感一项，"和平"号就为前苏联创效益1000多万卢布。

"和平"号上还进行了外层空间生物学试验，揭示生命的起源。宇航员把生物样品如装有氨基酸、细菌、蛋白质等的容器，在站外宇宙空间放置5000小时，研究紫外线照射条件下生物材料的稳定性和反应，由此可以了解构成地球生命的最基本物质到底来自何处。还采用化学方式收集彗星尘埃中分离出的有机分子，寻觅地球生命之源。

除此之外，"和平"号飞行期间，前苏联宇航员还曾多次出舱进行站体修理、设备安装、回收装置、太空救援演习等太空活动，创造了许多惊人的作业奇迹，宇航员积累了丰富的排险经验。"和平"号空间站不仅进行了许多大型科学试验工作，这期间还于1986年5月5日至1986年6月25日进行了航天史上第一次"太空转移飞行"——在"和平"号联合体与"礼炮7"号联合体之间的穿梭飞行，进行了50多天的极其复杂而又十分顺利的空间站之间的往返飞渡。为了确保空间站对接成功率，"联盟"号系列飞船、"进步"号系列飞船等运载火箭都随之有了长足进步，可靠性、安全性大大提高，已趋于完善。

"寿终正寝"的"和平"号空间站

运行了15年后，"和平"号空间站逐渐趋于老化。据资料显示，共发生过近2000处故障，其中近100处故障一直未能排除，有10多次危及宇航员的生命安全和空间站的正常飞行。粗粗数来就可知道：空间站上失过火、密封舱漏过气、管道发生过破裂、计算机失过灵、舱体遭受过货运飞船的撞击、与地面失去过联系，等等。

据专家透露，俄罗斯宇航员齐布列耶夫和拉祖金就很不"走运"，赶上过"和平"号最危险的几个月。1997年2月23日，"量子1"号舱上的氧气罐爆炸，他俩戴着防毒面具生活了几个昼夜。4月，站上的空调又出了毛病，他俩不得不忍受36℃的高温和90%的湿度抢修空调。到了6月份，"进步M-34"货运飞船撞上了"光谱"舱，不仅使得"光谱"舱漏气，还差点儿毁了整个空间站。一波接着一波的惊涛骇浪，令这两位宇航员心惊胆战。好在最后都是力挽狂澜，人在站在，获得劫后余生。

由于设计和技术上的问题，"和平"号空间站的一些设备不可避免地会时常发生故障。早在1990年8月就曾发生过险情："量子2"号舱的气闸门卡住，宇航员被拒之门外，陷入缺氧的危险境地。尤其是后面几年，由于零部件日益老化，故障更是接连不断，空间站上险象环生。虽然每次都能化险为夷，但安全隐患却是显而易见的。

而事实上，"和平"号每年维持运行的资金需要2.5亿美元，如此高昂的

那些璀璨的空间站

费用，对于捉襟见肘的俄罗斯财政来说，着实是一笔惊人的花销，加上要不断更换和维修关键部件，俄罗斯实在是无力招架了。

由于缺乏资金，"和平"号随时可能坠毁。怀着对"和平"号的深厚感情，俄罗斯国内上下开始了一场拯救"和平"号的运动。俄罗斯载人宇宙飞行计划总工程师委员会发出呼吁书，专家、院士、学者、媒体、普通百姓纷纷向政府和社会求救，为挽救"和平"号做最后的努力。

当时，有一位英国企业家卢埃林允诺为"和平"号投资 1 亿美元，并先期支付了 2500 万美元。他提出的条件是在 1999 年 8 月随考察组飞往"和平"号并在太空逗留 10 天。由于资金未及时到位，这个计划最后宣告失败。1999 年 8 月，在"和平"号空间站上工作的 3 名宇航员不得不离开"和平"号，返回地面。于是"和平"号只能在无人状态下飞行，其飞行高度不断降低。如果 2000 年 1 月底之前找不到资金，"和平"号就只能坠毁。

与此同时，人们在为"和平"号做长远打算。2000 年 2 月中旬，美国一家神秘的"和平公司"与俄罗斯"能源"宇宙火箭公司签订关于租赁"和平"号空间站的合同。据"和平公司"总裁杰弗里·曼博透露，这是一项旨在长期挽救"和平"号的计划，具有一定的风险，同时又非常诱人。该计划分 3 个阶段。第一阶段，筹集资金对"和平"号进行检修并制定商业性利用"和平"号的计划，如拍摄地球录像带和电子传媒的应用。同时进行宣传以提高舆论界对商业性空间站的兴趣。第二阶段，在商界寻找订货商，如组织太空旅游和制作广告。第三阶段，将"和平公司"的股票上市，以增加公司的资本。

由于时间的关系，"和平公司"的计划没能实现。到 2000 年年底，"和平"号又面临资金问题。一批专家学者又提出了一个大胆的营救方案。他们想把"和平"号的命运同"阿尔法"国际空间站捆绑在一起。他们认为，国际空间站与"和平"号空间站的合作既可以提高国际空间站的建设速度，又可以节约资金和提高效率，并且提出了具体的合作计划：

建立生物圈信息市场。两个空间站在太空的运行角度是一样的，但是高度不同，从而可以保证更好地监测自然环境；发展教育计划；研究在"和平"号结束运营后如何在经济上和生态上有效利用空间站。

然而，一切都已经太晚了。任何计划的落实都不可能是一蹴而就的，时间不利于"和平"号。

俄罗斯政府几经斟酌，终于在继 2000 年 11 月 16 日宣布报废"和平"号空间站之后，于 2001 年 1 月 5 日正式签署了结束"和平"号空间站工作的政府命令。随后，俄罗斯航天局宣布，"和平"号于 3 月脱离轨道，进入大气层，其躯体的大部分会在大气层中自然焚毁，剩余部分则坠入澳大利亚以东 1500 千米处的太平洋中。

实际上，"和平"号空间站的资源远远没有用完。专家估计，"和平"号总体价值 30 亿美元，整个资源消耗不到一半，其中"自然"舱的科学技术潜力只利用了 20%。现在"和平"号的实际价值仍然有 15 亿美元。放弃这座"人造天宫"实在可惜。这无疑是一个痛苦的决定，但是俄罗斯没有别的选择。

"和平"号要坠毁的消息传出后，许多俄罗斯人伤心不已，其中最为伤感的要数那些宇航员了。对俄罗斯宇航员来说，"和平"号不仅是他们的骄傲与梦想，也是唯一属于他们自己的"太空之家"。1994 年冒着生命危险用手工完成货运飞船与"和平"号的对接，使"和平"号避免了一场灾难的宇航员尤里·马林琴科说："空间站是我们生命的一部分，得知它的日子屈指可数时，我们心如刀绞。"而在"和平"号空间站上创造 188 天生活记录的美国女宇航员香农·露西德则更加动情地说："任何时候，当你离开一个地方时，你都会急着要回家，但同时也会觉得有些淡淡的伤感。我对'和平'号就有同样的感觉。"

1999 年 8 月 28 日，对于俄罗斯来说是伤心的一天。最后一名宇航员，已在"和平"号上度过 380 个日夜的俄罗斯宇航员谢尔盖·亚夫德耶夫含着泪水，跨出了"和平"号的舱房，跨进了返回地球的"联盟"号飞船。与亚夫德耶夫一同离开"和平"号的俄罗斯宇航员阿法纳斯耶夫说："怀着满腔的悲愁……我们抛弃了俄罗斯一小块领地，抛弃了我们在太空建造的一个东西。我们下一步要建一个什么东西，目前还不清楚。"

格林尼治时间 21 时 14 分，"联盟"号飞船按既定计划与"和平"号脱钩。

那些璀璨的空间站

2001年1月27日,为"和平"号送行的"进步M1"至"进步M5"号货运飞船与空间站对接后,为其送去了最后阶段飞行的燃料。至此,"和平"号进入飘落状态,坠落开始倒计时。

使"和平"号坠毁也不是件轻而易举的事。将1千克货物送入近地球轨道,需要消耗0.5吨的高热值燃料,将烧掉大气层中1吨的氧气。这对生物圈来说是巨大的生态负担,而空间站坠毁过程造成的生态负担绝不亚于甚至超过发射时造成的负担。此外,空间站巨大的构件一部分将在坠毁过程中烧掉,还有一部分将穿过大气层落入地球。按照俄罗斯飞行控制中心的计划,空间站没烧掉的部分将坠入太平洋,但是谁也不能百分之百地保证不坠入地面。据一名负责"和平"号项目的专家称,俄罗斯不光是没钱继续支撑"和平"号的运行,而且连支付它的正常"送葬"费都很困难。这更加重了人们对坠落安全问题的担心,如果"和平"号失去控制,100多吨的站体就会"自由"地落到南北纬56度之间的任何地方,这个区域内居住着地球60亿人口中的50亿,并聚集着大量危险的设施。如果空间站发生严重故障,顷刻间就会碎裂为成千上万个碎片,某些碎片将重达700千克左右,能穿透厚厚的铁板。除此之外,这些带有强辐射的碎片还会给这一地区造成相当程度的污染。一旦发生这种灾难,其后果不堪设想。在一两个月的时间内,不时传出"和平"号空间站时而可能在此坠毁、时而可能在彼坠毁的消息,弄得有关地区的人忧心忡忡。

"和平"号坠落的碎块能否安全坠毁在太平洋无人地带,一些国家的媒体纷纷提出质疑。在人类历史上,确实有航天器残骸碎片坠落在人口稠密区的先例。1979年7月,美国的"天空实验室"空间站没能坚持到宇宙飞船来提供帮助,便成了失去控制的"天外不速之客",于7月11日迫不及待地闯入地球。这个重达77吨的庞然大物的残骸,绝大部分落入印度洋,但一些零部件却落在了澳大利亚的帕斯以及澳大利亚西部荒凉的沙漠中。俄航空航天局指出:"和平"号一切正常,安全坠落的概率约为97%~98%,因为"和平"号的飞行及其设备性能均完全处于地面人员的控制下,专家们对可能发生的各种情况设计了应对方案。

当空间站到达距地面 250 千米的轨道时，与俄罗斯"和平"号空间轨道站相伴 15 年的地面飞行控制中心指挥"和平"号坠落过程，控制中心在恰当的时间，选择恰当的轨道位置，通过遥感信号对"和平"号进行两次制动，使"和平"号进入坠落轨道。

而后，当空间站飞至几内亚湾至高加索地区之间的上空时，控制中心抓住时机发出第三个制动信号，令空间站沿坠落轨道迅速坠向地球。在这之后，控制中心与"和平"号进行最后一次持续 5~6 分钟的通信联络，这次联络所提供的信息使工作人员得知"和平"号是否会安全坠入指定区域。此后，飞行控制中心即刻与空间站失去联系，无法"目送""和平"号坠向大海。

当"和平"号与地面失去联系，坠入稠密的大气层之后，剧烈的空气摩擦将使空间站烈焰熊熊。空间站的太阳能电池帆板和天线首先在距地球110~100 千米的大气中化为灰烬。在 90~80 千米的高空，空间站的外壳及内部结构分裂成无数碎块。在穿越距地球 70~60 千米的高空时，猛烈的燃烧使大部分碎块灰飞烟灭，剩余的总重约 12 吨的残片散落到南纬 47 度~50 度的南太平洋无人海域。

在这些不能被大气完全燃烧的 1500 块残片中，有 5~6 块达 700 千克重的碎块落到地球表面，这些碎块的体积约为一辆小汽车大小。如果这些大块砸在地面上，可以穿透 1.8 米厚的混凝土。

"和平"号葬身的那片海域，被称为世界"航天器之墓"。长期以来，那里由于人烟稀少，舰船罕至，被许多国家当做卫星等航天器的最后归宿地。俄罗斯为安葬好"和平"号，拿出了 2200 万美元。为防不测，还成立了紧急救险组。欧、美也加入监测"和平"号的行列，帮助俄罗斯及时掌握"和平"号的飞行数据。美国军用雷达还为俄罗斯专家收集了空间站在大气层运行轨迹的资料。

为了让宇航迷们能亲眼目睹"和平"号坠落的全过程，美国宇宙旅游公司抓住商机，筹划组织了一项重大活动，即包机前往南太平洋观看。所有志愿者支付 6500 美元便可如愿以偿。

宇宙旅游公司的包机在"和平"号空间站进入大气层上层的那一天升空，

那些璀璨的空间站

并在空间站预定坠毁区域以南300千米处的1万米高空飞行。这样，宇航迷们就能看到空间站坠毁的壮观景象了。

美国宇航局一位专家是这样描述"和平"号空间站最后坠毁的情形的："宇航迷们在空中看到一个巨大的白色长弧，接着它就分裂成一个个单独的部分。"

"和平"号空间站坠毁在了南太平洋无人海域

那无疑是"和平"号告别人间的最悲壮的一幕。

2001年3月23日北京时间13时59分，"和平"号空间站按计划坠落在南太平洋预定海域。人类航空史上一个划时代的航天器陨落了。

在"和平"号坠毁后，在它的"继任者"——国际空间站建成之前，人类将再次进入没有大型载人太空航天器的时代。

可以说，"和平"号空间站是至今最为成功的空间站，它为人类的载人太空飞行和探测、试验立下了汗马功劳，虽然其间有坎坷、有失败，但是，风风雨雨之中，它创造了许许多多的奇迹，为人类立下了赫赫战功，也为今后不断发展的空间技术奠定了基础。"和平"号空间站为人类探索生命、宇宙和科学之谜提供了独一无二的场所，为世界科学事业做出了巨大贡献。虽然"和平"号已经永别，但人类探索太空的步伐不会停止。

斯韦特兰娜·萨维茨卡娅

萨维茨卡娅，前苏联运动健将和宇航员，竞速飞行纪录的创造者和飞得最高纪录的保持者，世界第二位女宇航员（第一是捷列什科娃）和世界首位女性太空行走者，两次前苏联英雄，当今世界上，还没有哪个妇女像她那样在航空和航天领域内都取得过骄人的成绩。她现在是俄罗斯联邦国家杜马共产党派的副主席。

美利坚的空间站

在空间技术中，紧跟前苏联，并与前苏联一比高下展开激烈竞争的就是美国。

早在20世纪50~60年代，美国对未来航天活动进行计划时，就把空间站和载人登月列为主要项目。但由于当时前苏联人在空间站技术上已取得了领先，而且载人登月影响更大，所以美国人选择了首先发展登月计划，并于1969年成功实现了人类踏上月球的"第一步"。当时的空间站计划，则由于各种原因的影响而延迟，直至1973年5月14日，美国成功发射了第一个空间站，命名为"天空实验室"（此时，前苏联的"礼炮2"号空间站已成功升空）。可以说，美国在空间站技术上略逊于前苏联，它紧随前苏联，成为世界上第二个发射空间站的国家。下面简单列举美国所取得的成就：

1960年，美国第一颗气象卫星"泰罗斯1"号发射成功。

1962年2月20日，美国宇航员格林成为美国第一个太空人。

1969年7月21日，美国宇航员阿姆斯特朗成为人类踏上月球的第一人。

1973年，美国空间站"天空实验室"发射成功。

1975年7月15日~21日，美国的"阿波罗"号飞船和前苏联的"联盟T9"号飞船在太空联合飞行，成为载人航天的

美国第一颗气象卫星"泰罗斯1"号

那些璀璨的空间站

首次国际合作。

1981年4月21日,世界第一架航天飞机——美国"哥伦比亚"号航天飞机发射成功。

1986年,美国的"先驱者10"号探测器飞出了太阳系。

1990年,美国先进的"哈勃"太空望远镜发射成功。

美国"天空实验室"

在前苏联发射世界第一个试验空间站"礼炮1"号后的两年,1973年5月14日,美国成功地发射了它的"天空实验室",这个实验室就是太空空间站。

美国"哥伦比亚"号航天飞机发射成功

资料显示,"天空实验室"计划是在"阿波罗"登月计划的基础上制定的,主要是利用"阿波罗"登月计划结束后的剩余运载工具和设备以及所积累的技术成果而研制发展的。

"天空实验室"是一个多舱室组合体,其主要结构由轨道工场、太阳望远镜、过渡舱、多用途对接舱和"阿波罗"飞船的指挥服务舱等5个部分组成。轨道全长36米,总重82吨,拥有工作容积316立方米。轨道工场是航天员的主要工作和生活舱室,由"土星5"火箭的第三级改装而成。其中火箭的液氢箱改成为航天员的生活和工作区,并用隔板分成卧室、餐室、观察室和盥洗室。轨道工场内,室温保持在16℃~32℃,可以调节;舱内为0.35大气压的纯氧大气层,航天员呼出的二氧化碳及水汽由分子筛进行消除。工场外壳厚13厘米,其中6厘米厚铝防护板用于防止粒子辐射对航天员的侵害。太阳望远镜对太阳进行观察,利用电视传输系统将太阳图像和数据传往地面进行处理。"阿波罗"飞船指挥服务舱由阿波罗飞船改装而成,作为航天员往返和运输物料的航天渡船。

"天空实验室"的发射分两步进行。第一步,用"土星5"运载火箭先将装配好的轨道工场、太阳望远镜、过渡舱和多用途对接舱发射到435千米高的圆形地球轨道;第二步再用运载火箭把乘有3名航天员的"阿波罗"飞船送到空间,入轨后与多用途对接舱对接,构成完整的天空实验室。于是,"阿波罗"飞船的航天员进入轨道工场,开始空间科学实验工作。工作完成后再返回飞船,接着"阿波罗"飞船再载着3名航天员与多用途对接舱分离,离轨后再入大气层返回地面。资料显示,先后共有3批9名航天员进入"天空实验室"工作:第一批3名航天员在1973年5月25日乘飞船到"天空实验室"工作28天;接着,7月28日和11月6日又有2批航天员乘飞船进"天空实验室"分别工作了59天和84天,进行了有关生物医学、太阳天文学、地球资源勘测、空间加工等综合观察和实验,特别是着重研究人在长期失重条件下的反应和变化。1974年2月第3批航天员返回地面后,"天空实验室"即停用,并于1979年7月11日坠毁。

"天空实验室"坠毁后,美国迄今还没有发射过太空空间站,致使近20年来无法进行长期载人航天飞行和各种空间科学实验,并使美国在这个领域损失了很多时间而远远落在前苏联的后面。这是为什么呢?并不是美国对发展空间站有什么不同于前苏联的看法,更不是美国在技术上有问题,而是由于美国采取了一条不同于前苏联建设空间站的路线。前苏联采取的是从载人航天飞船通过一次性运载发射系统直接走向太空空间站建设;而美国想采取的是从载人航天飞船通过

美国"天空实验室"

那些璀璨的空间站

可重复使用的航天飞机作运输再走向空间站建设。美国认为,用一次性运载系统作运输建设它设想的规模巨大的空间站费用太高,经济上不合算;用可以重复使用的航天飞机作运输工具建设空间站是可取的。于是便有了后来的"挑战者"号航天飞机与"哥伦比亚"号航天飞机。

继"天空实验室"后美国制造的"挑战者"号航天飞机

美国国家航空航天局

National Aeronautics and Space Administration,简称NASA,台湾译作"美国国家航空暨太空总署",是美国负责太空计划的政府机构。总部位于华盛顿哥伦比亚特区,拥有最先进的航空航天技术,它在载人空间飞行、航空学、空间科学等方面有很大的成就。它参与了包括美国"阿波罗"计划、航天飞机发射、太阳系探测等在内的航天工程。为人类探索太空做出了巨大的贡献。

欧盟的空间站

与美、苏同时,欧洲空间局也在空间站方面进行了大量的工作,他们研制了"空间实验室"空间站,后在1983年11月28日搭载美国"哥伦比亚"号航天飞机进入太空,同时进行了70多项太空试验后,于当年12月8日返回地球。

这种空间站自身没有动力装置,不能自主飞行,只能装在航天飞机的货舱中,随航天飞机一块飞行,完成预定任务后,再随航天飞机返回地面。欧洲空间局的这座"空间实验室1"号是由西欧10国参加的欧空局花了10年时间、耗资17亿美元研制成功的。它可乘坐4名宇航员，设计使用寿命10年，可重复使用100次。它从11月28日至12月8日，在空间飞行9天，进行了73项试验。比美国"天空实验室"171天的航行所收集的资料还多。以后它又曾由"挑战者"号航天飞机3次带入太空进行科学试验。它是欧空局首次飞入太空的大型载人航天器。在以后由"挑战者"号航天飞机送上太空的3次航行中，它还进行了特殊材料加工、晶体生长、流体力学、生命科学、大气物理和天文方面的许多试验，也获得满意结果。这座空间站有4个房间，可供8名宇航员居住。

"空间实验室"是欧洲研制的第一个可载人飞行器，它标志着欧洲在载人航天领域迈出了第一步。该飞行器有一个大型可重复使用的舱体结构，其长为7米，直径为4米。"空间实验室"配有各种支援设备，用于舱内有人职守的实验以及位于舱外货架上直接暴露在空间的实验。该实验室被装在航天飞机货舱内进入轨道。1983年11月"空间实验室"进行了首次飞行，乌尔夫·默博尔德博士成为第一名进入空间工作的欧空局宇航员。

欧洲从"空间实验室"的研制和实际运行中积累了丰富的经验，这些经验促使欧洲以国际空间站和"和平"号空间站方案为依托，制定自己的载人空间飞行计划。

在关于"空间实验室"计划的早期谈判中，美宇航局与欧空局（当时还称为欧洲空间研究中心）曾达成了一份谅解备忘录。依照备忘录，"空间实验室"首次飞行必须有一名欧洲宇航员参加。1983年11月，乌尔·默博尔德登上航天飞机，参加了"空间实验室"的首次飞行。

到目前为止，大多数搭乘航天飞机进入"空间实验室"的欧洲宇航员所担任的职务为有效载荷专家，他们的主要任务是进行科学试验。

欧洲空间局

欧洲空间局（European Space Agency，ESA）是一个欧洲数国政府间的空间探测和开发组织,总部设在法国首都巴黎。

欧洲空间局的前身——欧洲航天研究组织(European Space Research Organization,ESRO)经过1962年6月14日签署的一项协议,于1964年3月20日建立。如今它仍旧是欧洲空间局的一部分,称为欧洲航天研究与技术中心(European Space Researchand Technology Centre,ESTEC),位于荷兰的诺德惠克。

除捷克外,欧空局现有17个成员国,它们分别是德国、奥地利、比利时、丹麦、西班牙、芬兰、法国、希腊、爱尔兰、意大利、卢森堡、挪威、荷兰、葡萄牙、英国、瑞典和瑞士。另外,加拿大和匈牙利等国也参与了该机构的一些合作项目。法国是其主要贡献者。欧洲空间局与欧盟没有关系。欧洲空间局包括了非欧盟国家如瑞士和挪威。卢森堡和希腊于2005年12月加入。欧洲空间局共有约1700名工作人员。发射中心是位于法属圭亚那的圭亚那发射中心。由于其相对于赤道较近,使卫星发射至地球同步轨道较为经济(同质量下所需燃料较少)。控制中心位于德国的达姆施塔特。

日本的空间站

在了解日本国际空间站的成果之前,我们首先简单介绍下近几年来日本在航天领域所取得的成果:

(1)日本的宇宙航天产业2000年市场规模约为1.2万亿日元,占世界市场的10.5%。

(2)日本于2002年开发准天顶卫星系统,并于2003加入欧洲"伽利略"计划。

(3)日本在载人航天方面进展缓慢,其中最大的障碍是日本狭长的地形环境,缺乏大片平坦开阔地形而造成航天器回收精度不高,比如我国的"神五"、"神六"、"神七"的着陆地点都是辽阔的内蒙古草原,而日本则没有这一地形条件。而其解决办法则是放弃载人运载火箭,研制航天飞机。为弥补这一不足,日本积极参加国际空间站,为空间站研制太空实验舱、研制空间站转移飞行器等。

下面简单介绍下日本在筹建国际空间站方面的任务：

建立全球观测系统

日本将采取步骤，在2010年前后完成国际性的全球观测系统的建设工作。日本的目标是负责研制出该系统中约1/4的卫星。作为亚太地区的国家之一，日本将与该地区其他国家一道建设数据网络，以分享和有效地利用观测数据。

在空间科学领域，日本将进一步扩大对行星和太阳系中其他小型天体的探测活动。在21世纪的头10年中，日本将用H-2火箭发射大型科学卫星，以进行前所未有的行星科学研究，包括对比木星还远的行星的研究。

在探月方面，日本将研究实施连续、系统的不载人探月计划的可行性。这项计划将包括用卫星进行月球观测和用着陆器及漫游车到月面上进行探测。

国际空间站计划将极大地影响21世纪的世界航天发展，为此日本将尽全力使这项计划取得成功，并将加强与各参加国的合作。国际空间站上的日本试验舱将成为日本第一个在轨实验室。日本将建立一个综合性的研究系统，以更好地对日本实验舱中的研究活动与地面上的试验进行协调。这必将促进空间环境的利用研究，并开创出新的学科和技术领域。同时，日本还将努力积累载人航天经验，并建立相应的技术基础。遵照增加与亚太地区国家合作的机会这一目标，日本将在日本实试舱中开发能满足这些国家需求的研究工作。在国际空间站进入稳定运行阶段之后，日本将研究把文化、艺术、人文和社会科学领域的专家以及普通公民送入太空的可能性。

建立和使用新的航天基础设施

日本将继续改进和优化其H-2运载火箭，以满足21世纪头10年中的各种发射需求。日本还将开始研制H-2火箭的一种先进型号（H-2A）以进一步降低运输费用，提高运载能力。H-1A将能把约20吨的有效载荷送到低地轨道或把4吨的有效载荷送到地球同步轨道。日本将继续追求发展不载人、带翼的"希望"号转运与回送飞行器,以向国际空间站运送补给和进行微重力试验。

2010~2020年,日本将争取大幅度地降低航天运输的成本,把发射费用降到比目前低一个量级。为此,日本将继续围绕采用新型设计方案、可全部重复使用的航天运输系统进行预先研究和开发。

日本将通过国际合作系统地进行其他研究和开发活动,包括进行空间环境利用及在轨设备更换方面的试验等。要研究的系统包括不载人空间平台、轨道维护机器人或飞行器以及地面站与卫星之间的通信网(数据中继与跟踪卫星系统)等。

其他目标

在未来30年间,随着空间环境下工作经验的积累,日本还可能要实施以下一些项目:

月球探测约从2010年起,日本将在由几个国家共同进行的不载人探月活动成果的基础上,通过国际合作,在月面上建起一座天文观测台。日本将通过承担适当的研究与开发工作来为开展这一合作做准备。

通信、广播与导航通信。广播与导航领域目前发展很快,业务种类也在不断增加。为满足新的业务需求,日本将在个人和移动通信、数字式三维高清晰度电视直播以及飞机、船舶和汽车导航等领域开发新技术。除利用现有技术在大型卫星和日本试验舱上进行验证外,日本还要进一步开发小型和中型卫星,利用它们技术上的特点和规模经济优势,并研究专门供这类系统使用的更先进的技术。日本政府将实施成功的可能性很大的一些计划。在这方面,如何划分政府和私营部门各自应起的作用将得到重视。

空间环境利用。在国际空间站未开始工作之前,日本将继续最大限度地利用现有设施(落塔、飞机、探空火箭、不载人的返回式自由飞行器以及美国航天飞机),并在需要时通过国际合作来进行微重力试验。日本将制定一项综合研究计划,以使宇宙开发事业团和各国立研究机构在开发研究活动时能全面合作。在国际空间站开始工作和日本试验舱全面投入使用之后,日本仍有可能需要比日本试验舱更佳的微重力环境来进行试验工作。在这种情况下将使用"希望"号和永久停留在空间的不载人空间平台。载人空间平台的发展将通过国际合作来进行。日本准备在下一代国际空间站的建造和部署过程中扮演更重要的角色。日本还将利用日本试验舱和其他空间平台进行空间太阳能应用的验证试验。

载人航天活动。在不久的将来,日本将需要与其他发达国家进行载人航天方面的国际合作。近期内日本还要通过使用日本试验舱先积累载人航天经验。要重点解决的其他技术还有载人航天的遥控和科学保障技术、受控环境与生命保障系统技术以及航天医学(包括宇航员保健管理和加深对航天病的了解)等。在国际空间站不再使用后,将全面利用载人航天技术和经验,通过国际合作,为未来的发展项目(如建设下一代国际空间站和开展载人登月活动)做好准备。

种子岛宇宙中心

种子岛,日本九州地区鹿儿岛县南部海面上漂浮的一个远离陆地的小岛,面积445平方千米。是日本最大的宇航研究中心和航天发射中心。位于九州岛南115千米的种子岛上。此机构由1969年日本宇宙开发事业团建立,现在受日本宇宙航空研究开发机构(JAXA)管理。

中心的主要任务包括人造卫星的组合、测试、发射和测控。基地也测试火箭的点火及发射。种子岛宇宙中心是日本最大的宇宙研究中心。

中国空间站展望

我国将发射"天宫1"号目标飞行器,它的重量有8吨,类似于一个小型空间实验站。在发射"天宫1"号之后的两年中,我国将相继发射"神舟8、

那些璀璨的空间站

9、10"号飞船，分别与"天宫1"号实现对接。

我国有望于2014年用"长征5"号把中国空间站送上太空，中国最终将建设一个基本型空间站。

我国首个空间站大致包括一个核心舱、一架货运飞船、一架载人飞船和两个用于实验等功能的其他舱，总重量在100吨以下。其中的核心舱需长期有人驻守，能与各种实验舱、载人飞船和货运飞船对接。具备20吨以上运载能力的火箭才有资格发射核心舱。为此，我国将在海南文昌新建第四个航天发射场，可发射大吨位空间站。

中国的首个空间站建成后，其核心舱可以不断加舱。届时，每年将往空间站发射若干个航天器。

2008年9月25日发射的"神舟7"号飞船，作为第二阶段的第一项实验，实现了航天员的出舱行走。随后的"神8"、"神9"飞船不再载人，旨在发射目标飞行器，实现无人对接。而之后的"神10"将再次载人上天并实现有人对接。这些飞船都是为了在太空建设短期有人照料的空间站而服务的。

"夸父"计划

"夸父"计划名称取自于中国古代神话故事"夸父逐日"。该计划将由一颗位于L1点的卫星"夸父A"和两颗沿地球极轨共轭飞行的卫星"夸父B1"、"夸父B2"组成综合观测系统，用于监测太阳活动导致的日地空间环境连锁变化的全过程。"夸父"将成为国际观测体系核心。

最早提出"夸父"计划原创性科学思想和基本概念的是中科院院士、北京大学教授涂传诒。2003年，涂传诒联合魏奉思、肖佐、张永维等专家提出一份"L1+极轨"空间天气探测计划的书面建议，这是"夸父"计划的最早文献。2004年，国家自然科学基金委员会决定以重点项目形式支持"夸父"计划的预研。2005年8月，"国际与星同在计划"（ILWS）为"夸父"计划专门组织了国际同行的匿名评审，评审结果介于"极好"和"非常好"之

走进太空世界丛书　113

间。此后，中国日地物理探测界的专家学者专门召开会议，一致同意以"夸父"为基础，与中科院刘振兴院士等人提出的"风暴"计划进行整合，称为"夸父计划——空间风暴、极光和空间天气探测计划"，并一致建议该计划作为"十一五"期间向国防科工委推荐的唯一日地物理探测计划。

国际空间站重大失误

自从被建立起来，国际空间站在这些年间经历了许多，多项完整的轨道实验室逐步地在国际空间站建造起来，从事人类或动物失重等太空效应的研究，但与此同时，国际空间站的持续性操作运行和宇航员的太空任务中也存在着一些失误，以下是十几年来国际空间站出现的令人头痛、接近失误，但又必须正确面对的十大失误和故障：

太空失踪的蜘蛛

美国宇航局"奋进"号航天飞机曾携带两只蜘蛛进入国际空间站，在当时的任务中科学家将观测蜘蛛如何在零重力状况下编织蜘蛛网。其中一只蜘蛛编织出一张紊乱不堪的网，完全不像地球上的蜘蛛网那么有纹理。但是，另一只蜘蛛却在空间站找不到踪迹，空间站的宇航员们称已进行全面搜寻，但并未发现。

难以对付的旋转接头

位于空间站前端和右舷的"太阳阿尔法旋转仪"，负责使空间站太阳能电池板指向太阳的方向，2007年右舷太阳阿尔法旋转仪出现过度的振动，美国宇航局对此十分担忧。之后在前往空间站的航天飞机执行旋转接头维修，宇航员在修理时发现接头受损是由于太空残骸碰撞造成的，宇航员关闭了该装置的运行状态。空间站必须要有足够的电力才能完全处理这项维修工作。

太空行走丢失工具包

2008年，"奋进"号航天飞机在国际空间站10岁生日之际带来了几个礼物，其中包括一个供 6 名空间站工作人员使用的新型维持生命装置，以及完成一些必要的修理任务。然而，11 月 18 日，宇航员海德·斯特凡尼斯海宁·皮珀体验到了令许多修理人员最头痛的事情：她丢失了工具包。她在太空行走时不慎使工具包漂离在太空中。幸运的是，负责此次太空行走的另一位宇航员的工具包中装有足够的工具，能够最终完成这项太空任务。但对于未来的太空任务，丢失工具包所形成的太空垃圾将成为安全隐患。

卫生间故障

2008 年 5 月，国际空间站的卫生间出现了故障，空间站的工作人员只得使用"联盟"号宇宙飞船的卫生间。直到 6 月，美国宇航局"发现"号航天飞机为空间站带来了新的马桶抽吸装置，才使该马桶运行正常，解除了宇航员们的"痛苦"。

损坏的太阳能电池板

2007 年 10 月底，当空间站工作人员展开包括太阳能电池板在内的能量收集装置时，其中的一个太阳能电池板被撕裂。损坏的太阳能电池板可能会阻碍空间站欧洲"哥伦比亚"实验室的扩展部署，因此宇航员进行了一次危险的太空行走，以修复该处太阳能电池板。

计算机故障

负责空间站推进器和控制空间站方位的俄罗斯制造的 3 台计算机系统是国际空间站必要性系统之一，2007 年 6 月，当空间站工作人员回收太阳能电池板时，俄罗斯 3 台计算机系统均出现故障，工作人员全力进行恢复。当时，美国宇航局"亚特兰蒂斯"号航天飞机停坞在空间站，进行模拟控制国际空间站，直至该计算机系统恢复正常。

烟雾警报器

2006 年，空间站响起了烟雾警报，空间站宇航员当时以为出现了火情，这可能导致空间站的一场灾难。当时飞行工程师注意到有一股古怪的气味,很像橡胶垫圈燃烧,很快大家意识到这是从制氧装置释放出的难闻气味使俄罗斯舱段警报器拉响,宇航员们很快清除了溢出物,整个过程中并未戴气体面具。

"碰撞"警报

2004年,俄罗斯"联盟"号宇宙飞船乘载两名俄罗斯宇航员和一名美国宇航员飞往国际空间站,他们将替换空间站的宇航员。或许是他们过于渴望抵达空间站,警报提示"联盟"号接近空间站的速度过快,任务指挥官萨里赞·沙里波夫不得不进行手动驾驶,最终在手动操控下入坞空间站。

航天飞机事故

国际空间站的建设的维护依赖于航天飞机和宇宙飞船,但这些宇宙飞行器的操作也存在着很大的危险,在2003年"哥伦比亚"号航天飞机失事后,美国宇航局航天飞机禁飞两年半,在此期间俄罗斯"联盟"号宇宙飞船成为唯一抵达空间站的飞行器。

空间站的未来在哪里

目前空间站没有出现什么故障,现在迎来了它10岁生日,但是空间站仍未充分建造完毕,按照计划完工日期将持续至2010年,然而其正式退役时间是2015年。毕竟空间站的建造花费了大量的钱财,应当尽可能地采用多种方法延长空间站的服役时间。

国际空间站
GUOJI KONGJIANZHAN

　　1998年11月20日，俄罗斯从哈萨克斯坦的拜科努尔航天发射场用"质子"号火箭将国际空间站的第一个部件"曙光"号多功能货舱（FGB）发射入轨，从而拉开了国际空间站在轨装配的序幕。

　　国际空间站的设想是1983年由美国总统里根首先提出的，即在国际合作的基础上建造迄今为止最大的载人空间站。经过近十余年的探索和多次重新设计，直到前苏联解体、俄罗斯加盟，国际空间站才于1993年完成设计，开始实施。

　　该空间站以美国、俄罗斯为首，包括加拿大、日本、巴西和欧空局（11个国家）共16个国家参与研制。其设计寿命为10～15年，总质量约423吨、长108米、宽（含翼展）88米，运行轨道高度为397千米，载人舱内大气压与地球表面相同，可载6人。

　　国际空间站结构复杂，规模大，由航天员居住舱、实验舱、服务舱、对接过渡舱、桁架、太阳能电池等部分组成，建成后总质量将达438000千克，长108米。

　　组装成功后的国际空间站将作为科学研究和开发太空资源的手段，为人类提供一个长期在太空轨道上进行对地观测和天文观测的机会。

国际空间站

从前苏联的"礼炮"号到美国的"天空实验室",再到已经陨落的"和平"号空间站,人类航天已经向着梦想前进了一大步,人们实现了上天暂住的可能。然而,对于浩瀚的宇宙,我们已取得的成就还是太渺小。不管是前苏联还是美国的空间站,它们飞行的时间都不算长,就是飞行达 15 年之久的前苏联"和平"号空间站也已坠毁,因此这些都称不上是永久型空间站。人类如果想在太空飞得更高更远,短期暂时飞行的航天器是远远不够的,我们必须首先建造能让我们在太空停留时间更长,甚至长期居住的太空飞行器,而永久型空间站则是人们发展研究的目标。

由于航天技术的不断进步,再加上苏、美空间站的成功,为建造永久型的空间站展示了广阔的前景和可能性,人们把建立一个永久型的空间站作为了近期可能实现的计划。当然依据人类目前的航天技术能力,这种永久型也是有时间性的,只不过飞行时间更长,而后再一步步地发展。因此世界上不少航天技术发达的国家都在思考和研究这方面的工作。

国际空间站最初是由美国宇航局在 20 世纪 80 年代初为抗衡前苏联的"和平"号空间站而提出的。早在 1984 年,美国总统里根就批准了建造当时名为"自由"号空间站的计划,计划由美国牵头,吸引日本、西欧和加拿大参加。但是,随着时间的推移和越堆越厚的追加预算账册,这项计划遇到了各种各样的质疑和责问,不但使这一计划的规模逐渐缩小,而且迟迟没有动工。

1988 年,上述国家经过反复磋商,终于签署了暂名为"阿尔法"号的空间站的建设合作协议,但西方各国实际上并无研制空间站的经验,因此,"阿尔法"号空间站的协议虽是签了,实际上却一直处在"可行性论证阶段",没有大的动静。

1993 年,美国众议院以 1 票的优势,通过了继续支持空间站的计划。这年 9 月,美国副总统戈尔与俄罗斯总理切尔诺梅尔金正式签订了《关于俄罗斯加入美国、加拿大、欧空局和日本研制、开发和利用空间站计划的协议》。有了俄罗斯的空间站技术,这项新的空间站研制计划总算可以开始起步了。

"阿尔法"号国际空间站计划从此代替了"自由"号空间站计划,俄罗斯也放弃了再建"和平2"号空间站的打算。不过,据说关于空间站的起名,俄罗斯提出了不同意见。俄罗斯认为,原定名"阿尔法"暗含"创始"和"第一"的意思,而俄罗斯在1971年发射的"礼炮1"号空间站才是世界上第一座空间站,何况"和平"号空间站也已经在太空飞行了15年。因此,现在的空间站没有正式名称,只是习惯上把它称作国际空间站。

国际空间站开始计划投资400亿美元,其中美国负担174亿美元,俄罗斯100亿美元,欧空局37.7亿美元,日本31亿美元,加拿大8.5亿美元,另外意大利还负担了5.5亿美元。但实际的投资可能远远超过这个数目。从投资份额上讲,美国处于支配地位,但从总体技术规划上看,则是俄罗斯在起主导作用。

1997年10月,美国宇航局局长戈尔丁陪同克林顿总统访问巴西,于10月14日与巴西空间局签署了美、巴国际空间站双边合作协议,从而使巴西成为国际空间站第十六个合伙国。按照协议,巴西将在5年内向美国宇航局提供价值1.2亿美元的硬件,包括窗口观测研究设备、技术试验设备、站外后勤容器,用于安放空间站外部的试验设备、快速货架等。作为交换条件,美国试验舱将给巴西提供试验环境,并把一名巴西宇航员送上太空。

国际空间站的合作

国际空间站是人类有史以来规模最大的、跨世纪的宇宙空间探索活动。它是迄今为止人类在太空领域最大规模的科技合作项目,是世界航天史上第一次多国合作建设的空间工程,它利用16个合作国家的资源和科学技术专家,其中包括美国、加拿大、日本、俄罗斯和11个欧空局成员国。

国际空间站是人类航天史上的伟大创作,它代表着当今航天技术的实力和水平。

由于规模浩大、耗资数百亿美元,国际空间站建站计划长达10年,大致可分为3个阶段：

第一阶段，1994～1998年，美、俄两国完成航天飞机与俄罗斯"和平"号空间站的9次对接飞行。美国宇航员累计在"和平"号空间站上工作2年，取得了航天飞机与空间站交会对接以及在空间站上长期进行生命科学、微重力科学实验和对地观测的经验，可降低国际空间站装配和运行中的技术风险。

第二阶段，1998～2001年，国际空间站达到有3人在轨工作的能力。1998年11月20日，俄罗斯从哈萨克斯坦的拜科努尔航天发射场用"质子"号火箭将国际空间站的第一个部件"曙光"号多功能货舱（FGB）发射入轨，从而拉开了国际空间站在轨装配的序幕。同年12月4日，美国"奋进"号航天飞机将国际空间站的第二个部件"团结"号节点舱送入轨道，并于12月6日成功地与"曙光"号对接；2000年7月12日，国际空间站的核心组件、俄罗斯建造的"星辰"号服务舱发射入轨，同年11月2日，首批3名宇航员进驻空间站，国际空间站开始长期载人，11月30日，美国"奋进"号航天飞机为国际空间站送去两块翼展达72米、最大发电量为65千瓦的大型太阳能电池帆板；2001年2月7日，美国的"命运"号实验舱由"亚特兰蒂斯"号航天飞机送入轨道，4月23日，加拿大制造的遥控操作机械臂与国际空间站顺利对接，7月12日，美国"亚特兰蒂斯"号航天飞机又把供宇航员出舱活动的"气闸舱"送入轨道。至此，美国和俄罗斯等国经过航天飞机、"质子"号火箭等运输工具15次的飞行，完成了国际空间站第二阶段的装配工作。

建成后的国际空间站

第三阶段，2001～2006年，国际空间站完成装配，达到6～7人长期在轨工作的能力。此阶段先组装美国的桁架结构和俄罗斯的对接舱段,接着发射日本实验舱和欧空局的"哥伦布"轨道设施等。

装配完成后的国际空间站长110米,宽88米,大致相当于两个足球场大小,总质量达400余吨,将是有史以来规模最为庞大、设施最为先进的人造天宫,运行在

"曙光"号多功能货舱

倾角为51.6度、高度为397千米的轨道上,可供6~7名航天员在轨工作,之后国际空间站将开始一个为期10~15年的永久载人的运行期。

国际空间站在2010年建成时迎来第一批太空实验研究者,这是国际空间站首次对外开放。

史无前例的"国际空间站"

国际空间站的构型很有意思,也非常特别,它与目前已发射到太空的卫星、飞船、空间站的样子都不一样,它由用高科技材料制成的各种杆子组合搭建而成,也有人称它为双龙骨结构。建造完成后,整个空间站由12个舱组成,容积达1200立方米,总重量在450吨左右。在这个庞大的桁架上装有各种舱段和设备。其中包括了由美国负责制造的1个居住舱、1个试验舱、桁架本体、气闸舱、资源舱以及电源发动机等设备,另外还提供1个极轨平台。美国作为国际空间站的发起人在其中起着重要的作用,实际上充当领导者的角色,为空间站提供的设备最多。

由于俄罗斯人的加盟,国际空间站由两大部分组成,一部分是原计划的"自由"号空间站,而另一部分是俄罗斯计划发展的"和平2"号空间站。两者之间用多功能舱进行连接,组成一个整体,这就使国际空间站的构型从桁架式变成了桁架加模块式结构。俄罗斯人作为空间站技术的先驱者,其加盟

无疑会发挥重要的作用，俄罗斯负责提供1个服务舱、1个对接舱、1个存储舱、1个生命保障舱，另外还有3个研究舱等。

下面对国际空间站的内部构造进行简单的介绍：

居住舱。居住舱是宇航员生活和休息的地方，包括厨房、会议室、卫生间、卧室、医疗设备、锻炼设备等。厨房里烤炉、电冰箱、垃圾处理机、洗手池一应俱全。居住舱由美国承担研制并发射到太空。

服务舱。它内含科学仪器设备等服务设施，也包含部分居住功能，由俄罗斯研制并已由俄罗斯"质子"号运载火箭于2000年7月12日发射升空。

功能货舱。它内设有宇航员生命保障设施，具有一部分居住功能，以及电源、燃料暂存地等，舱体外部设有多向对接口，由俄罗斯研制并由俄罗斯于1998年11月20日发射升空。

多个试验舱。试验舱是进行各种科学试验的场所，它是指挥和控制空间站的中心。试验舱是世界上最高的试验室。在这里，可以进行生物、化学、物理、生态学和药物学等方面的研究。其中美国1个、欧空局1个、日本1个、俄罗斯3个。美国、日本和欧空局的3个试验舱将提供总计为33个国际标准的有效载荷机柜；俄罗斯试验舱中也有20个试验机柜。另外，日本的试验舱还连有站外暴露平台，用于对空间环境直接接触试验。据目前所知，由欧空局研制的"哥伦布"实验舱已由"亚特兰蒂斯"号于2008年2月11日发射升空；而由日本研制的一个实验舱已于2008年5月11日由"发现"号运载火箭将之发射升空。

节点舱。它们由美国和欧空局研制，是连接各舱段的通道和宇航员进行舱外活动的出口。节点舱比较小，在空间站组建时期，它是宇航员进行舱外活动的出入口。空间站建成后，除用于连接各舱外，节点舱可以用做存储仓库，或安装电力调节机柜，提供电能。此外，"节点1"号舱还可作为仓库，用于存储；"节点2"号舱内有电路调节机柜，用于转换电能，供国际合作者使用；"节点3"号舱为空间站的扩展留有余地。由美国研制的"团结"号节点舱已由"奋进"号航天飞机于1998年12月4日发射升空。而由意大利太空总署研制的"和谐"号节点舱已由"亚特兰蒂斯"号航天飞机于2007年

国际空间站

10月23日发射升空。

服务系统。空间站的服务系统包括俄罗斯功能货舱、加拿大移动服务系统和俄罗斯服务舱。加拿大移动服务系统的遥控机臂长16.8米，能运125吨货物，可沿主桁架移动，进行空间站硬件的装配、维修和更换。俄罗斯服务舱拥有生命保障系统、推进器和居住功能（含洗手间和卫生设施），重20吨。空间站的运输系统包括"联盟"号载人飞船和"奋进"号货运飞船等，其中后者每年为空间站运送4次推进剂。空间站的指令和控制由美、俄双方分担，美国约翰逊航天中心主要负责空间站和航天飞机，俄罗斯的加里宁格勒航天中心主要负责载人飞船和运货飞船飞向空间站，以及飞船飞离空间站，它也是空间站运行的后备控制中心。

能源系统和太阳能电池帆板。它们由美国和俄罗斯两国提供，均已发射升空。

最终的国际空间站由6个试验舱（美国1个、欧空局1个、日本1个、俄罗斯3个）、1个美国居住舱（有洗手间、卧室、厨房和医疗设备）、2个节点舱和服务系统及运输系统所组成。

在美、日、欧的试验舱中，共有33个国际空间站有效载荷标准机架，其中美国试验舱内有13个，日本舱内有10个，欧空局舱内有10个。空间站在约350千米高的轨道上组装完成后，将慢慢推移到约460千米的轨道上。

国际空间站是由十几个国家参与的国际合作项目，它又是一个史无前例的庞大航天工程，可以想象它的建设需要人们的长期努力与合作，各个参与国都在积极研究建设。国际空间站近年发展步履维艰，用"好事多磨"这句话来形容国际空间站的进展一点也不夸张。这主要有两方面的原因。一方面由于政治和经济的原因，使得国际空间站的方案改动了几次，它的几次改名也说明了这一点，最早想采用全部桁架式，但经分析技术太复杂，耗费经费太高，而且风险也大，再加上当时美国的经济不太景气，有人反对这个计划，认为研制这个庞然大物的价值远远抵不上它所需的费用，因此几乎被取消。美国人不得不重新考虑简化方案，减少研制经费。但就是这样总研制经费也得500多亿美元，可见它的规模。另外是吸收了俄罗斯人参加。不可否认，俄罗斯人在航天技术上有着丰富的经验,在航天技术领域好几个第一都是俄罗斯人创造的,但怎奈俄罗斯人是泥菩萨过河——自身难保,前苏联解体,俄罗斯经济不景气,没钱研制空间站,因此不能按时交货,使得整个计划不得不推迟了一年多。

而另一方面就是技术的原因,可以想象,这么一个复杂的庞大系统,由这么多国家参与,从组织到技术是何等的复杂!只要有一个国家拖了后腿,整个工程就受影响。在技术方面,这么一个庞大的系统,采用桁架式的模块太空组装结构,这在世界航天史上还是第一次。而且它的系统多,要求高。我们前面介绍的只是国际空间站本体的、在第一期工程里的主要的结构和设备,而组成空间站的系统、设备、构件则更多。

除了空间站本体外,还要有一系列的配套设施和保障设施。比如空间站的发射场、运载火箭、跟踪测轨、后勤保障及空间站的管理、维护和故障排除等一系列的工作都得跟上。我们举个例子来说明:空间站及轨道平台上的试验装置和试验样品,在正常的情况下至少每半年就要更换一次,宇航员要进入这些飞行器中,把试验完成的装置或者样品取出来,然后送回地面;再把从地面带上去的装置或样品安放好。再比如,空间站上的消耗品如各种气体、各种液体以及备件都需要定期输送,尤其上面宇航员所需的生活用品更是如此。据介绍,每年要从地面为一个宇航员送去650多千克的食品、200多千克的衣服以及其他的生活用品,如果包括发射费用,算起来1年的维持费要高达10多亿美元。

另外一个技术问题就是,这么庞大的空间站的组装问题,也是极其复杂、前所未有的。

尽管工作步履艰难,好事多磨,可还是向前推进着。在前几年,有关国家的一些飞行试验工作就是在为国际空间站的发射、组装、维护以及管理做准备,训练宇航员的工作实践能力。例如目前世界上的两个航天大国俄罗斯和美国,1994~1998年,美国的航天飞机与俄罗斯的"和平"号空间站就进行了9次对接,直到1998年6月才结束工作,大大训练了宇航员的心理素质和提高了他们在故障情况下空间作业、排除故障的能力,这些在国际空间站上是极其有用的。据报道，1998年11月20日，由俄罗斯用"质子–K"号运载火箭发射一个名为"曙光"号的多功能货舱，它能够提供关于控制、燃料的存储以及供电服务；1998年12月3日，由美国用航天飞机发射一个名为"团结"号的节点舱和一个对接器，1998年12月6日宇航员乘坐"奋进"号航天飞机经过两天追赶，成功地捕捉到"曙光"号功能货物舱，并在同一天把国际空间站的头两个组件——"曙光"号货物舱和"团结"号节点舱对接起来。目前，国际空间站正在紧张有序的组建中。

科研的"天堂"

国际空间站利用地面无法提供的空间零重力状态的有利条件，为人类的长期科研工作提供了一个环绕地球的实验室。当今世界最先进的科研工具都将被运用到实验室中，以进行生物、化学、物理、生态学和药物学等方面的研究。

在药物学方面，由于太空中的微重力减少了地球上的重力对试验的影响，新型药物的开发将在太空中取得长足的发展，人类能够在太空中更彻底地了解生命的组成机制，研究人员还将关注人类在长期处于微重力环境下产生的反应。

在工业方面，研究人员将研制更坚固、更轻便的金属以及功能更强大的计算机芯片。由于使暖气体或液体上升、冷气体或液体下降的对流现象在太空中不复存在，各种金属就可以得到更彻底的研究，而液体和火焰在微重力条件下出现的形态也将成为科学家们关注的焦点。进行材料科学研究是空间站的主要试验项目之一，以前在"和平"号上进行的材料科学研究，取得了十分喜人的成绩。继续在空间站上进行研究，比如在国际空间站上生产电子工业用的镓砷化合物材料，其效率可提高13～16倍。在太空有望研究出更好的、地面无法合成的金属合金和材料，使人类的工业生产产生飞跃性的变革。

在对地观测方面，国际空间站比遥感卫星要更优越。首先，是它有人参与到遥感任务之中，因而当地球上发生地震、海啸或火山喷发等事件时，在空间站上的宇航员可以及时调整遥感器的各种参数，以获得最佳观测效果。

它还可以通过航天飞机或飞船更换遥感仪器设备，使新技术及时得到应用而又节省经费。用它对地球大气质量进行监测，可长期预报气候变化。在陆地资源开发、海洋资源利用等方面，也都会从中受益。国际空间站在天文观测上要比其他航天器优越得多，是了解宇宙天体位置、分布、运动结构、物理状态、化学组成及其演变规律的重要手段。因为有人参与观测，再加上空间站在太空的活动位置和多方向性，以及机动的观察测定方法，因而可充分发挥仪器设备的作用。通过国际空间站，天文学家不仅能获得宇宙射线、亚原子粒子等重要信息，了解宇宙奥秘，而且还能对影响地球环境的天文事件做出快速反应，及时保护地球，有助于加深人类对森林、海洋和山脉的了解，可研究火山、地震、台风等大规模自然灾害对全球的影响，还可评估人对地球造成的影响，获得地面上不能获得的全球景象，为人类采取有效措施保护地球环境提供科学依据。

国际空间站可加深人类对森林的了解

国际空间站上的生命科学研究，可分为人体生命与重力生物学两方面：人体生命科学的研究成果可直接促进航天医学的发展，例如，通过多种参数来判断重力对宇航员身体的影响，提高对人的大脑、神经和骨骼及肌肉等方面的研究水平。重力生物学和材料科学的研究与应用有广阔的前景，而国际空间站的微重力条件要比"和平"号空间站和航天飞机优越得多，特别是在材料发展上可能起到一次革命性的进展。

仅就太空微重力这一特殊因素来说，国际空间站就能研究生命科学、生物技术、航天医学、材料科学、流体物理、燃烧科学等提供比地球上好得多甚至在地球上无法提供的优越条件，直接促进这些科学的进步。同时，国际空间站的建成和应用，也向着建造太空工厂、太空发电站，进行太空旅游，建立永久型居住区，向太空其他星球移民等载人航天的远期目标接近了一步。

据俄罗斯科学院医学生物学问题研究所的专家介绍，空间站的宇航员们正在进行太空育种试验，他们特地挑选了生长周期较短的萝卜、圆白菜等拟

未来太空旅游飞机示意图

南芥类植物进行培植。太空中的失重、洁净、宇宙辐射等因素均会对植物的生存、发育、衰老和变异产生独特的影响。此前，曾有宇航员在太空环境下培育出了优质、高产、抗病性强的农作物新品种。第二长期考察组的宇航员，将通过试验观察各种培养物在太空中对植物的生长和抗病性会产生什么影响。植物结籽儿后，宇航员将把种子带回地面让科学家们对比分析"太空种子"与普通种子在遗传特性方面的差别。

宇航员们所进行的另一项试验是制作蛋白晶体。空间站上共有1008份带有生物活性成分的溶液样品，宇航员将以这些样品为原料制作蛋白晶体。在太空环境下接近绝对零度的环境是能够较容易地制造出来的。在这种条件下，宇航员可设法使蛋白质分子停止运动，并将它们精确地按预定的立体结构排列起来，形成性能超群的蛋白晶体。据介绍，这种蛋白晶体将被用于制药、特殊疾病研究和疾病防治等方面。

在空间站可对白菜进行培植

以上这些试验是在国际空间站内部进行的，有些试验则是在国际空间站的外部进行的。对国际空间站外部温度和微小陨石的研究将促进工程师对航天飞机设计的改善。在国际空间站中的研究还将创造出更先进的天

气预报系统、更精确的原子计时器等。

国际空间站将成为新型能源、运输技术、自动化计划和下一代传感器技术的测试基地，它的建设将推动流体力学、燃烧、生命支持系统、反辐射危害等研究的发展，并将对未来的太空探索产生重要影响。国际空间站的建成，意味着一个共同探索和开发宇宙空间时代的到来。在空间站里所做的一切，都是为了改善地球人的生活条件。空间站还将为未来的太空旅行开辟出一条更便捷

人类开发国际空间站的目标——移民外星

的途径，因为人类不会永远固定在地球上，国际空间站只是人类迈出的第一步，最终的目标将是移民外星！

欧洲 ATV 自动货运飞船

欧洲空间局制造的 ATV 自动货运飞船运货能力接近 8 吨，大于俄罗斯的"进步"货运飞船。ATV 飞船除了向国际空间站运送货物外，还可用作太空拖船，在必要时帮助国际空间站提升轨道。ATV 飞船的一大特点是具有先进的高精度导航能力，可在较少地面控制的情况下自动与国际空间站对接。

国际空间站的合作

1997 年巴西正式参加国际空间站计划

1997 年 10 月，美国宇航局与巴西空间局签署了一项美、巴国际空间站双

国际空间站

边合作协议，从而使巴西成为第十六个合伙国，在国际空间站计划中占有了一席之地。

巴西能够参加国际空间站计划，首先是因为本身具备技术能力，另外由于空间站计划耗资巨大，美国需要更多有实力的外来援助，而且，此计划已是美国政府的一个外交工具。

按照协定，巴西将向美国宇航局提供：1套窗口观测研究设备，技术试验设备，1个站外后勤容器，非增压后勤架和1个快速运货架。美国则为巴西提供空间站上的试验环境，送1名巴西宇航员上空间站。双方采取"不付款"协议。同年，美国又与欧空局签订这个协议，欧空局将在1999～2002年向美国宇航局提供节点舱2号和3号、制冷机及软件服务，作为交换条件，美国为欧洲发射欧空局负责建造"哥伦布"轨道舱。

美宇航员曾多次飞上"和平"号吸取经验

国际空间站计划的第一阶段，美宇航员多次飞向"和平"号空间站，并长时间居住和工作，取得了许多宝贵经验，如对接程序、通信、任务安排等，并在国际空间站计划中进行了改善。其中7项重点调整是：①制定更为翔实的飞行前科学试验计划。②试验美、俄控制中心间技术数据交换方法。③改编对接程序。④减少对接负载。⑤核实航天飞机对空间站的实际控制能力。⑥改善空间站研究环境。⑦吸取舱外活动经验。

德国接替法国进行乘员救生艇计划

1997年10月，欧空局委员会议上，各成员国被要求继续为救生艇计划投资。而法国由于经济原因及本国政府计划的改变，提出将不继续参加该计划。

法国是欧空局的中坚力量之一，它在欧空局占有39%的投资份额，为欧洲各国之首（德国第二、意大利第三）。法国的退出是对该计划的重大打击。

同年11月，作为欧洲第二大投资者的德国与美国宇航局签订关于乘员救生艇合作研究的合作意向书，它将为该计划救生艇的样机研制副翼、头锥等设备。

美、俄选出头 4 批宇航员

美、俄两国在空间站头批乘员安排上一直存在分歧。对于各自宇航员人数问题、指挥长人选问题等始终没能达成一致。直至 1997 年 11 月，双方经多次磋商，终于得出结果：

4 批乘员每批 3 人，美、俄各 6 名。第一、三批由美国人任指挥长，第二、四批的指挥长由俄罗斯人担任。这 12 名宇航员大多具有在航天飞机、"和平"号上的工作经验，他们于 1998～2000 年初先后完成了使命。

首批组件发射成功

空间站开始组装于 1998 年 11 月 20 日。俄罗斯用"质子"号运载火箭成功发射了国际空间站第一个组件——"曙光"号多功能货舱，这不仅拉开了人类联手开发空间的序幕，而且为建造新的太空大厦奠定了第一块基石。

"曙光"号是目前已知美、俄联合研制的最大飞行器。美国提供研制经费，俄罗斯负责技术研究和发射。

"曙光"号功能舱长 12.5 米，直径 4.1 米，重 19.5 吨，太阳能电池帆板展开可达 24.4 米。它不仅是空间站的结构基础，还能够提供关于控制、燃料存储以及供电能力等建站初期所需的服务。

1998 年的 12 月 3 日，美国"奋进"号航天飞机将"团结"号的"节点 1"号舱和一个对接适配器发射升空。"团结"号是美国制造、发射的第一个国际空间站组件。其总长 10 米，直径 4.6 米，重 11.5 吨。它是一个转接过渡舱，用于连接美国航天飞机的太空居室、工作台及试验室等。另外，通过它还将连接铺设管道、电缆等公共设施，甚至还用于调节内部环境参数及生命保障系统的网络。

12 月 6 日，"团结"号成功地与俄罗斯"曙光"号多功能货舱进行了对接。"奋进"号上的宇航员进行了太空组装。10 日，宇航员首次进入新站。

15 日，航天飞机胜利返航。

法国重新与欧空局签约

1998年11月25日,法国与欧空局签订合作协定,价值近4.9亿美元。法国为国际空间站研制一架自动转移飞行器的验证飞机。实验飞机主要用于为空间站运送燃料和补给品,还可定期为空间站进行保持轨道高度的推进。它入轨后与俄罗斯制造的服务舱进行对接。

加拿大机械臂研制进展顺利

加拿大计划主要为国际空间站提供一套"移动服务系统",包括1个空间遥控机械臂系统、1个遥控移动服务台、2根专用灵巧机械臂。这套设备将在国际空间站的太空装备和维护工作中起关键作用。现已先后于2001年4月19日与2002年6月5日分批将之发射至太空。

太空机械臂

国际空间站近期建设(2000年以后)

2000年5月21日,载有美国和俄罗斯宇航员的美国航天飞机"亚特兰蒂斯"号与正在建设的国际空间站顺利对接。

此次对接在距地面320千米的上空进行,航天飞机与空间站上的"曙光"号基础舱和"团结"号节点舱联合体实现自动对接。

5月19日,"亚特兰蒂斯"号从美国肯尼迪航天发射中心发射升空,它载有大约1吨重的货物,宇航员总共在太空停留10天,对国际空间站进行保养和补给。

29日,宇航员完成飞行任务后,乘航天飞机安全返回地面。

星外基地：太空站

美国航天飞机"亚特兰蒂斯"号

2000年7月12日，俄罗斯在哈萨克斯坦境内的拜科努尔航天发射中心成功发射了携带俄制"星辰"号指令舱的"质子"火箭，它的顺利升空为宇航员最终能登上国际空间站铺平了道路。

2000年7月，核心组件"星辰"号服务舱发射成功。

莫斯科时间7月12日，俄罗斯在位于哈萨克斯坦的拜科努尔航天发射中心成功发射了为国际空间站承建的"星辰"号服务舱。随着它的升空，国际空间站将首次具备载人运行的条件。该服务舱长13米，宽30米，重24吨。它由3个密封舱和1个非密封舱组成。舱内有控制系统、生命保障系统和推进器装置。它还将是空间站的主要生活区，由3个睡眠区、1个浴室、1个娱乐健身中心、1个试验室等组成。

7月27日，"星辰"号又与已在太空飞行的空间站联合体进行对接。

莫斯科时间2000年8月6日，随着俄罗斯在拜科努尔航天发射中心成功发射"联盟-Y"型运载火箭，向国际空间站运送给养的"进步"号货运飞船顺利被送入轨道。此次发射的货运飞船载有修正国际空间站运行轨道的燃料，以及为将来长期考察组准备的食用水、科学仪器设备等物品。

19日，货运飞船与之前发射对接的国际空间站初期联合体（"曙光"号功能货舱，"团结"号节点舱，"星辰"号服务舱）顺利实现对接，成为正

"星辰"号服务舱

式发射的空间站又一组件。

10月31日10时53分（北京时间15时53分），一枚"联盟-Y"型火箭从哈萨克斯坦拜科努尔航天发射场腾空而起，将载有国际空间站首批长住宇航员的"联盟TM-31"号飞船送入太空，从而揭开人类在国际空间站上永久定居的大幕。升空的国际空间站首批长住宇航员共有3名，他们是美国宇航员威廉·谢泼德、俄罗斯宇航员尤里·吉德津科和谢尔盖·克里卡廖夫。他们乘坐的飞船于11月2日与国际空间站初期组件相对接。对接后，3名宇航员按计划在空间站上共逗留117个昼夜。

美国宇航局曾表示，此次发射与"阿波罗"登月行动相比，其重要性有过之而无不及。为了此次发射能够

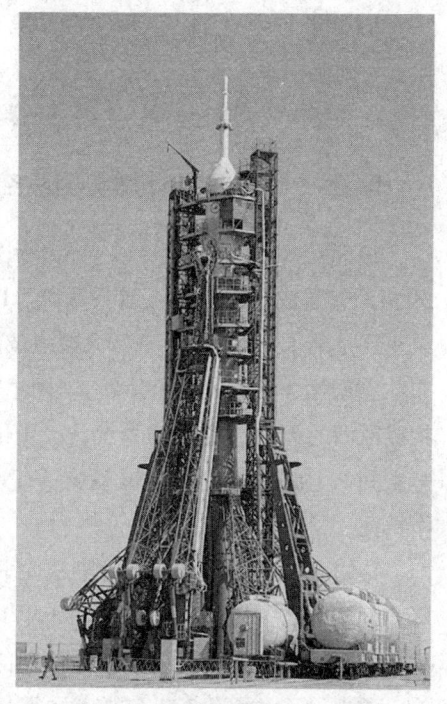

"星辰"号服务舱发射地——哈萨克斯坦拜科努尔航天发射中心

成功进行，俄、美两国的宇航部门通力合作，对发射工作的每一个细节都进行过仔细的研究和审查。在之前的5年里，谢泼德与他的俄罗斯同伴一直在为这一名为"头号远征"的发射行动做准备，其中包括接受各种训练。

在此次国际空间站合作计划中，尽量采用"不付款"协定。根据协定，美国将先后3次用航天飞机为日本运送日制试验舱。日本则以提供一次H-2A火箭发射和制造一个离心机舱为交换条件。日本还计划用H-2转移飞行器为其他合作国发射设备，以抵消应支付的费用。

2006年11月15日，国际空间站上的活动首次在地球上进行了高清晰度电视直播，并在纽约时代广场的大屏幕电视上播放。这是人类首次观看到来自太空的高清晰度电视直播画面。

2007年1月31日，国际空间站第14长期考察组中的两名美国宇航员洛佩斯·阿莱格里亚和苏尼特·威廉斯成功进行超过7个小时的太空行走。他们将"命运"号实验舱的一个冷却回路从临时系统接入永久系统。

欧洲"哥伦布"计划与国际空间站

20世纪80年代中期，欧空局曾制定了规模庞大的载人航天计划，决心在21世纪初建成自主的载人航天系统。1987年11月，欧空局成员国部长级会议正式批准了"阿里安－5"大型运载火箭、"赫尔梅斯"航天飞机和"哥伦布"空间站3项载人航天计划。"阿里安－5"火箭和"赫尔梅斯"航天飞机构成欧洲的天地往返运输系统，"哥伦布"空间站计划包括对接在"自由"号空间站上的"哥伦布"试验舱、有人照料的自由飞行试验室和极轨平台3个单元。

1993年9月，美国、俄罗斯决定联合研制国际空间站后，欧洲感到在国际空间站合作中的地位下降。1993年10月，欧空局提出了载人航天计划的新战略，目的是增强欧洲载人航天计划的自主性和机动性。新战略的主要内容为：重新设计"哥伦布"试验舱，重量减为10吨，使研制费降低27%，它可用"阿里安－5"火箭发射，不必用美国航天飞机送上国际空间站；研制人员运输飞行器，它类似于美国的"阿波罗"飞船，重约18吨，可载4人，将成为欧洲21世纪初的载人航天运输系统，也可作为国际空间站的人员救生飞船；研制自动转移飞行器，这是一种小型拖船，它装在"阿里安－5"火箭上，既可把"哥伦布"试验舱、也可把载人飞船送上国际空间站。

"哥伦布"试验舱

"阿里安－5"大型运载火

国际空间站

箭的总研制费用达 63.7 亿美元。"阿里安-5"的低轨道运载能力为 18 吨，其每千克有效载荷送入低轨道的费用可比"阿里安-4"火箭低 20%，增强了欧洲在国际航天发射市场上的竞争能力。

"哥伦布"计划主要由 4 部分组成，包括 1 个压力舱、1 个有人的空间站、1 个极轨平台，还有 1 个共轨平台，称为"尤里卡"。

由于欧洲自己没有载人航天设施，它只能利用前苏联的"礼炮"号和"和平"号空间站以及美国的航天飞机和"空间实验室"进行载人飞行。

欧洲宇航员累计飞行时间为 170 天。由于"挑战者"号航天飞机失事，航天飞机于 1985～1988 年期间停飞，故在此期间出现了一个很大的时间空隙。

除了欧空局的宇航员外，它的一些成员国诸如奥地利、比利时、法国、德国、意大利和英国也把自己的宇航员送上了美、苏/俄载人空间设施。在已进行的飞行中，欧洲宇航员的任务多数是协助从事科研活动，但也有过一次舱外活动。至 20 世纪 90 年代末，欧洲在载人航天领域已积累起丰富的经验。

在美、日、加、欧空局各方签署政府间协定决定共同研制国际空间站后，欧空局又与美宇航局签订了一份谅解备忘录。该备忘录使欧空局有权派遣宇航员加入空间站乘员组，并在任命乘员组成员及制定乘员组行为规范方面拥有参与权。

在空间站开发阶段，欧空局宇航员可能担任以下 3 种职务：

（1）空间站操作员，负责空间站系统；

（2）空间站专家，负责包括舱外活动在内的有效载荷操作；

（3）有效载荷专家。

至于宇航员任务培训方面，欧空局将全面负责其宇航员的基础训练。对他们的高级和实际飞行培训，欧空局将采取与其他签约国合作的方式。与此同时，美宇航局已决定为多名宇航员提供获取航天飞机任务专家资格的机会，资格评定工作已于 1992 年完成。

日本与国际空间站

日本政府在 1989 年公布的宇宙开发大纲中明确了航天活动的基本方向，

即掌握具有国际水平的应用卫星和运载火箭制造技术,通过国际合作掌握载人航天的基本技术,为实现日本独立开展载人航天的长远目标奠定技术基础,而在先进的天地往返运输系统、轨道工厂、轨道间运输系统等方面仅开展基础研究和预先研究。

因此,在2000年之前日本仅把H-2运载火箭和参加国际空间站的日本试验舱列入型号研制,而用H-2火箭发射的"希望"号不载人小型航天飞机仅开展关键技术研究。

日本也参加了国际空间站的主要任务。不能否认日本近些年来在航天技术领域也取得了不小的进展,因此他们有能力参加国际空间站的活动,负责为空间站提供1个试验舱。说是1个试验舱,实际上也是很复杂的,它是1个对接在国际空间站上的多用途实验室。

整个试验舱主要由1个压力舱、1个试验后勤舱和1个暴露在空间的装置三大部分组成,总长度有18米,横向宽10米,总重有18吨,可以想象也是一个庞然大物了。

压力舱是个圆形体,最大直径4米,长度10米,它是一个密封舱,内部具备供宇航员居住生活的条件;在

"希望"号不载人小型航天飞机

压力舱的前端有对接机构,可以与空间站进行对接;这个舱的主要用途也是进行空间环境下的材料科学试验研究和有关的生命科学试验研究。

在压力舱的上下面各有一个突出的圆形物,这就是试验后勤舱,直径也是4米。这个舱顾名思义是实现后勤保障的,在舱内既可以储存试验装置也可以储存需用的各种气体如氧气、氮气等以及液体如水和燃料等,它们分别

国际空间站

放在不同的容器里,一旦用完了还可以由其他的飞行器带上去补充,有点像飞机的空中加油。试验后勤舱还有一个特殊的使命,就是在紧急的情况下可以作为轨道应急救生装置。

在压力舱的后面连接的就是暴露在空间的装置,在它上面装有各种仪器,可以进行天文研究观测以及对地球的观测,还装有需要暴露在空间的科学探测仪器设备,可进行空间粒子、宇宙射线等的探测研究。在压力舱的端面有一个像螳螂的长臂一样的设备,这是机械手,可以用它来操作暴露装置的仪器设备。

日本从1987年开始进行航天飞机关键技术研究,1993年政府批准了"H-2轨道飞机验证飞行器"计划。该飞行器重8吨,研制费14亿美元。日本不载人航天飞机计划于2008~2010年发射,研制费35~38亿美元。1994年H-2火箭发射后,日本立即着手改进H-2火箭,改进后能将15~20吨有效载荷发射到近地轨道。日本在决策载人航天时,一开始就根据国情国力,不把规模搞得过大,而且十分重视技术跟踪和关键技术研究,特别是在研制程序和投资策略上科学安排,不但有利于技术力量的充分利用,而且还避免了H-2火箭、日本试验舱和"希望"号航天飞机等投资大项目同时进入投资高峰,有条不紊地确保载人航天顺利发展。为了对日本试验舱的可行性和可靠性进行验证,1995年3月日本用H-2火箭发射了多用途可回收的空间飞行装置。该平台重360千克,由8个舱组成,全部采用模块化设计,能完成日本试验舱的地球观测、大气物理和天文研究、材料加工、生命科学试验等多项试验验证,1996年1月用"奋进"号航天飞机回收。

1995年3月18日,随着H-2火箭的第三次成功发射,日本潜心研究多年的"空间飞行平台"开始遨游太空。该飞行平台是日本第一个小型多用途空间平台,由日本太空开发总署、国际贸易工业部和宇宙科学研究所共同研制,研制工作从1987年开始,开发研制经费高达418亿日元。

该空间站主体呈八棱柱形,直径约4.46米,高2.8米,发射时重4吨,回收时重3.2吨,两个太阳能电池帆板长度均为9.6米,输出功率可达3千瓦。整个平台采用模块化设计,共分8个舱,其中2个舱装载电池和计算机,其余均搭载试验设备,有效载荷占 1.2 吨以上。它运行在 500 千米高的轨道上,主要用于从事天文、大气物理观测(包括红外、光学、X 射线和 γ 射线等多种手段观测)及小型材料和生命科学试验。它在太空运行几个月后,降低轨道至 315 千米高度与航天飞机会合。1995 年 12 月由美国"奋进"号航天飞机将其回收。这个空间站飞行的有效载荷是未来"阿尔法"国际空间站日本试验舱的模型。另一与国际空间站相关的试验是平台上搭载一项由 144 块太阳能电池片串联形成的太阳能电池阵试验,它能获得 250 伏特以上的高压电流。此试验目的是验证空间等离子体对高压电池电路的影响。平台上还搭载了一台小型红外望远镜。该望远镜口径为 15 厘米,镜内载有 4 套红外观测仪器,可覆盖 1~1000 微米的红外波段,这些仪器均浸在零下 271℃的液氦中,以确保它们能为测得宇宙起源等奥秘提供线索。另外,平台上还有一项二维太阳能电池阵展开试验。该阵呈六边形,边长 6.5 米,由可自动伸展的桁架支撑。此试验是为了开发高效、高可靠性、展开式大型太阳能电池帆板。在"空间飞行平台"上搭载的还有一项采用肼做燃料的等离子推进器试验。该推进器将用于星际飞行的航天器。此次,"空间飞行平台"上的材料试验搭载了 3 台材料处理装置,可以加工包括先进半导体材料在内的多种材料样品。引人注目的是"空间飞行平台"上也带有蝾螈产卵和发育试验。这些蝾螈上天前已受孕,并全处在冬眠状态,上天后苏醒,而后在激素作用下产下受精卵,这项试验可以获得生命科学的宝贵信息。

H-2 火箭

国际空间站

国际空间站业余无线电通讯计划

国际空间站业余无线电通讯计划是由美国业余无线电联盟、国际业余卫星公司、美国宇航局等共同组织和发起的一项活动，和太空微重力实验计划一样，是美国宇航局面向青少年的科技教育项目之一。这个计划给学生们提供一个利用业余无线电和国际空间站宇航员直接交流的兴奋体验。教师、家长和社会将看到业余无线电将如何激发青少年对科学、技术和知识的追求。

和国际空间站宇航员对话是一种独特的教育体验，美国联邦通讯委员会支持国际空间站业余无线电通讯计划。借助业余无线技术的帮助，美国国家宇航局希望给世界范围内的青少年提供机会。国际业余卫星公司的志愿者提供技术上操作，指导学校通讯计划。美国业余无线电联盟提供空间站业余无线电的信息，美国业余无线电联盟和美国宇航局总部编制和分配国际空间站业余电台的课程计划并向老师们提供资源，向成百上千的业余无线电操作者，包括在约翰逊太空中心、戈达德太空飞行中心和马歇尔太空飞行中心的美国航天中心的业余无线电俱乐部的幕后工作，提供技术和知识的保障，使这项教育体验成为可能。

未来空间城

事实上，国际空间站最早是作为永久型空间站而提出，但它并不是真正意义的永久型。

永久型主要是指空间站的使用寿命，而要延长空间站的运行时间，空间站本身的各项设施都必须有相应改善，整体提高，人类目前的技术水平暂时还达不到真正永久型空间站的需要，但是科学家们已预见出了发展目标，相信这并不遥远。

空间站虽具有其他飞行器无可比拟的优越性和发展前景，但它的劣势则在于巨大的资金投入,可以说资金将是空间站技术发展的大前提。就目前来看,世界上恐怕还没有一个国家可以独自承担建设未来空间站所需的巨大费用。当前欧洲各国合作组成欧空局,整体参与国际空间站计划,为世界性合作做出模式,国际空间站计划则做出了有益尝试,不仅可以各国分担研制经费,而且还可以技术互补,各展优势,使得国际空间站计划得以进行。未来的大规模航天建设也必然走合作之路,人类共同的梦想必须共同努力,才能更快实现。

我们知道,一个空间站是由许多的系统组成的,而系统又由众多的仪器设备组成,而仪器设备的基本组成单元就是元器件。因此要想提高整个空间站的寿命当然得从最基本的方面抓起,如材料和电子元器件的性能要保证可靠,保证长寿命;尤其在太空特有的环境条件下如真空及真空冷焊、粒子辐射、温度大幅度的交变、疲劳、老化、微流星及空间碎片的撞击等都对材料和器件产生不利的影响。在设计工作中对客观事物认识的正确与否也是重要的因素,在设计中对各种方案要从长寿命入手。

简单化、可靠性、可维修性、可开拓性强,事实上这也是永久型空间站建设的基础。

目前国际空间站是向简单化发展的,即采用积木组合的方式,可以任意组合,使它的装配简单,而功能不断增加,这样对降低成本、取得最大的效益有很大的意义。

随着航天技术的发展,飞行器的可靠性已大有提高。但是未来应在原有的基础上更进一步,投入巨大的人力、物力、财力,进一步提高可靠性尤为重要。

可维修性是延长空间站使用寿命的另一重要方法。空间站的设计中,各系统、舱段间应相互独立,相互联系又互不干扰,零件、设备标准化便于维修更换,比如目前已采用的抽屉式的装配、插板式的组件、标准的设备等都是从这个角度考虑的。

空间站本身还要可变更、可增大结构、可扩大功能,从根本上解决功能单一的不足,开辟航天器功能多样化、多用途的道路。

国际空间站

而设法提高空间站的功能和自给自足的能力，也是一个至关重要的问题，而且包括了多方面的要求。

空间站的自主性一方面体现在空间站本身设施。进一步提高它的自动化程度，它的飞行控制，它的导航定位、交会对接，使这些工作能够达到自主、简单。而目前许多的工作还要靠地面的帮助才能完成。有效地进行故障监测甚至一般故障排除都能自己进行，使它高度自动化，首先能自己检查和发现问题，然后能够自己决定采用什么手段去解决它，减少地面及宇航员的工作量和负担是发展的方向。另一方面缩短宇航员在轨飞行时间和在站停留时间，采用人与自动化系统相结合的模式，充分发展非人因素的优势。

我们都很清楚，在空间站中，宇航员们的衣食住行等生活问题不可小觑。而事实证明，频繁的后勤补给势必会造成不必要的能源浪费。因此，减少后勤补给也是其中一个重要的方面。

为了改善这种情况，宇航员的用水及氧气向自己生产的方向发展，可以用化学反应的方法得到，或者多栽培植物产生光合作用而产生氧气等；水要达到能够回收，经过处理后再重复使用；而部分食品如蔬菜在空间站进行培育生长，可以达到自给自足的程度；甚至可以在空间站驯养一些动物作为肉食的来源，这样将大大地提高宇航员的太空生存条件，对减少对地面的依赖，降低太空生活的成本具有很大的现实意义；我们的发展目标是不仅宇航员能够在太空生活，而且一般人能够进入太空生活，同时还要在其他的星球定居，这个问题不解决是无法实现这些目标的。在这方面，不少的空间站已经进行了各种试验。

而在太空另一个比较大的问题就是失重环境，这是不管在已经发射的空间站上还是正在研制的国际空间站都没有解决的问题。人们长时间在地球引力场中生活，而到了太空的失重条件下是很不适应的，而且那种条件对人的生理各方面都会带来不利的影响，如心脏功能、血液循环、骨骼发育、肌肉以及其他功能等都会有影响，大部分的宇航员在进入轨道的前几天都会感到不适应，有的反应很强烈甚至达到基本不能做事的程度，过一段时间适应了才能消除，这种现象称为空间运动病。正因为这样，所以宇航员的挑选光从身体素质来说就是很严格的，这样一来就限制了一般人进入太空。我们说空间站是太空的地球村，总有一天一般人要进住这个村，那就必须解决失重问题，这个问题也已经被科学界所注意，想出了各种方案，如使空间站绕自身轴或者绕某个中心旋转，产生人造重力，这不是不可能的，但真正用于实际，还要进行大量的探索，也是下一步研究的内容。

发展先进而经济的天地往返运输系统，也是今后所要研究的范畴。因为发展新型运输器是从根本上降低运输费用的途径。

目前在航天飞行中起重要作用的俄罗斯"联盟"号载人飞船、美国"进步"号货运飞船和航天飞机均不是理想的天地运输器，货运飞船运载能力小，使用一次即报废，而航天飞机造价过高，它每发射一次就要花费5亿美元之多。

而未来的运输飞行器首先要克服这些不足，一是具有较大的运载功能，二是可重复使用，三是造价低廉，而后则要速度更快，可以超远飞行。

目前，美、日等国已有许多人构想出了未来的飞行器，除了采用大量先进技术，单从外表就可以看出它们与已有航天器的很大不同。

我们知道，人们研究太空的最终目的就是要利用太空资源。所以，人们对于资源无限的太空应尽可能地合理开发利用。空间站作为开发太空的前哨基地，要充分发挥其作用。空间站上可配备更多、更广、更先进的各种试验设备，开展大量空间试验，并将试验成果尽早应用于太空生产，以期尽快形成空间材料加工、农业生产、太阳能发电等太空产业，真正益于人类生产生活。

面对日渐枯竭的地球资源，人类把发展方向转向了太空。在太空开展人类的产业，将是一个收益甚佳的空间项目，人们已认识到了太空工业的巨大潜力。太空失重及无污染的状态，对材料加工有很大好处，尤其是电子产品、光学、生物制品等，在太空加工会很容易获得高质量高纯度产品。而太空农业也已投入试验，它将是人类未来太空生活的基本保证，是重点研究项目。空间太阳能发电技术，可以说将是对人类贡献最大的空间技术。面对能源需求不断增长，环境污染日益严重，地球资源有限等现实，研究开发和应用可

国际空间站

再生洁净能源势在必行。人们把目光投向了太阳,洁净、无污染、取之不尽、用之不竭的太阳能将是人类摆脱能源危机的最佳新能源。

除能源危机之外,当今全球还面临一系列其他重大问题,如物种灭绝、沙漠和土质退化、气候异常、南北极臭氧空洞、人口增长过快导致人口爆炸……

人类解决上述危机的出路不外乎两条:①加强治理,保护环境,控制人口,②去茫茫的宇宙寻找和开辟新的生存天地,去建设我们的太空家园。载人空间基地就是我们的未来家园的雏形。

未来的载人空间基地

由最初的"礼炮"号空间站,到运行十几年的"和平"号,再到现今的国际空间站,人类的太空探索已经逐渐起步,可以预见,能够长期飞行的永久型空间站离我们并不遥远,它的真正实现将会使空间技术发展迈上一个新的台阶。踏上这个台阶,人类将登得更高,去实现新的未来计划——载人空间基地计划。

效用整体大幅提高的永久型空间站的出现,将是空间科学技术的一大进步,它将使空间资源得到更进一步的开发。它已被列为可行的未来发展阶段。

那么,什么是载人空间基地呢?我们一般把具有对其他航天器有在轨服务能力的空间站称为空间基地。也就是说,空间基地是可以在太空为其他航天器提供服务,而不仅仅是被动接受外来服务。这也是它与空间站的根本区别。

载人空间基地的作用可以形象地比喻为一个太空中转站。航天器从地球发射到空间基地上,可以在那接受一系列服务,而后或是在站继续工作,或是被发往更远的轨道。

另外,载人空间基地可以提供能量能源补给服务。我们知道,各种飞行器所携带的能量都有一定限度,人类今天的航天飞机之所以还不能飞向更遥远的外太空,没有充足的补给是重要原因之一。而实现载人空间基地后,飞行器可以只携带部分能量,发射到基地接受补给,再继续飞行。这个过程就好像汽车到加油站去加油一样，只不过飞行器是在天上，它加注的也不会是汽油，也许是电能、热能，或者是更为实用的太阳能。

现在趋势表明，人类未来的航天器将会向着大规模发展，对于不能一次发射升空的飞行器，可以经由多次发射，在基地重新组装，再整体送入太空。因为太空是失重环境，同样大的东西，在太空移动会比在地球上容易得多，所以在空间基地只需设计一些会飞的"托运船"就可以轻而易举地移动那些组合起来的庞然大物，把它们送到轨道上。

而对于高投入、高风险的太空作业，最重要的就是可靠性。当航天器被发射升空后，可以先进入空间基地，接受检测，进行维护，这样可以使得航天器有更为良好的状态投入使用，保证了其安全可靠性；对于在太空出现故障的航天器，也可以及时返回基地进行检修，而不必等到地面做出处理，这也使得故障得以及时排除，以减少损失；而航天器在运行一段时间之后，会有必然的损耗，空间基地便于随时维护，则更有益于延长使用寿命，这对于昂贵的空间设施是极为重要的。

而对于太阳系其他行星的探索将是今后相当一段时间内的重大科学活动，以载人空间站为基地，承担飞行中转站的作用，组装载人的和不载人的航天器，发射到其他行星或进行宇宙探测，将具有很多优点。

我们知道，任何飞行器的飞行距离总是有限，从地面被发射之后，由于受能量补给等原因的限制，它们不可能飞得很远很远，然而人们要探寻的星球却远在天边。空间基地则可以满足人类向更遥远的星球进发的愿望，它将可以作为天上的中转站，由它再向太空发射航天器，会比从地面发射飞得更远。人们可以从它向月球、火星或是更远的天体发射卫星、探测器甚至飞船。它将不仅仅是一个停靠站、维修站，而且是一个可以在太空进行发射的空间发射基地。

那么，载人空间基地对空间开发都有哪些重要影响呢？研究表明，它将大大延长航天器寿命，从根本上降低成本。这也是目前人类的航天活动有待改进的重要问题。空间基地的出现，它的在轨补给、维修作用十分有益于航天器以良好状态进行长期运行。我们以卫星为例，目前的人造卫星多是功能单一、寿命短、成本高，由于它体积有限，飞行一定时间如果缺乏补给，就会报废，或是必须回收，重新发射，如果有意外故障，地面则无法控制，只能放弃，这样对于本身投入就很高的航天活动是极大的负担。而空间基地则可以及时实行检修，补给能量，使得卫星可以继续工作，持续探测，从而不仅能降低成本，更能提高效益，为航天器提供"再生"的机会。

与此同时，载人空间基地也在为开发复杂的大型航天器开辟道路。事实表明，开发大型航天器是未来太空发展的必然趋势，规模大，收效则大。未来依靠太阳能提供能源的各种飞行器需要能量越多，则接收太阳能的帆板就要相应越大，有的可达上百吨乃至上万吨。这种重量几乎是运载火箭不可能承担的。空间基地建成以后，大型航天器则可以从容地在天上组装，再分批运送入轨，这样就使原本不可成行的大型空间飞行器可以在太空为人类服务，实现太空活动的大规模化。

载人空间基地作为未来的空间设施，还会有许许多多人们不可预知的优越性，甚至人们难以想象的巨大影响，但可以肯定，它不是遥不可及的梦想，而是可以实现的未来航天计划。载人空间基地的最终出现，将使许多原本只能在地面上做的事可以在空间进行，使人类一直以来以地球为基地进行的"地基"阶段进入以空间基地为基础的"天基"时代，这将使太空探索发展到一个全新的阶段，将是人类空间活动的一个里程碑式的进步。

太空城的方案设计设想

建造可供人们长期生活工作的太空城，既是人类的梦想，又是空间技术发展的必然，特别对于进行太空移民和深空探索，有着特别重要的意义。

伞架子式的太空城

美国普林斯顿大学物理学教授奥尼尔博士对建造太空城已经研究很长时间了。1977年，他出版了《宇宙移民岛》一书，提出了3种宇宙岛设计方案，其中的"奥尼尔三号岛"是一种伞形结构的太空城。它像张开的伞，伞把是两个巨大的圆筒，这个伞特别大，光伞把就有6500米粗，长3200米。

未来的太空城

在这个大圆筒里,可以居住 100 多万人。两个伞把用传动带连到一起,每分钟以一转的速度旋转,从而产生人造动力。伞把的四周是玻璃窗,窗外用挡板遮挡着,盖板内镶着大玻璃,扣上盖板里边就是黑夜,打开盖板,镜子将外边的阳光折射到里边,里边就是白天了。

圆筒里边是真正的城市,有山丘、树木、花草、河流,有体育场、电影院、大酒店,还有机场、车站和码头。太空城里的居民外出办事,可以像在地球一样,或乘船、或乘公共汽车、或乘飞机,或者干脆把手一挥,打的走,非常方便。尤其称奇的是,这座太空城还可以进行人工降雨,有晴天、阴天、雨天和冷暖的变化。科学家把伞架子边缘设计成农业舱室,在农业舱室里,通过温度控制,可以在不同的舱室分别制造出春、夏、秋、冬一年四季的季节来呢。因此,农业舱室粮食作物郁郁葱葱,瓜果蔬菜一应俱全,由于温度、湿度适宜,在那里,奶牛成群,猪羊满圈,小鸟欢唱,有益的昆虫飞翔,整个一个天上人间。生活在太空城里的公民一年四季都可以吃上新鲜的蔬菜、瓜果和粮食。

由于太空城里的环境十分优越,因此呼吸的也都是新鲜空气,再也不必担心在地球城市中的空气污染了。优越的环境加上采取先进的栽培方法,在那里吃的也都是绿色食品。

圆环型的太空城

这样的太空城就像一个大轮胎,轮胎的直径为 1800 米,仅大圆环的直径就有 130 米,里边可供 1 万人长久居住。圆环以每分钟 1 转的速度自转,产生重力环境。

为了使圆环里能享受到充足的阳光,在圆环的上方安装了一面巨大的镜子,将太阳光折射到圆环中央的镜子上,然后由它折射到圆环的百叶窗上,百叶张开,阳光进入,里面为白天;百叶闭合,里面为黑夜。在圆环的中轴上,靠近圆环的一端是太空港,设计了许多对接装置,接送来往人员,向太空城里运输货物和向地球运输太空垃圾和产品的宇宙飞船在这里停靠。同时可以接待好多艘飞船来访。另一端就是太空工厂和太阳能发电站了。中轴有6根辐射管通道与居民区相连,人们可乘100多米的电梯,通过辐射管道进入中轴,再沿着中轴去工厂上班。

在这个大圆环里面,按不同用途分成若干个舱段,每个舱段即是一个区域。有居民区、学校、医院、饭店、旅店、农场、肉类加工厂、太空工厂等等。尽管在太空城里生活的人们都很文明,但是,必要的管理工作还是需要的。因此,还是要设立如居委会、警察局类似的机构。

走进工厂,你会看到偌大的工厂里几乎看不见工人,全部是计算机控制,也没有噪声和污染。走进农场你会看到一台台不冒黑烟的现代化机械在不停地工作,身穿白大褂的农场工人坐在电脑前,用电脑控制着这些机械工作。在明媚的春光下,青椒、茄子、豆角、西红柿张着笑脸,小麦、玉米等粮食作物在春风下摇曳。这些无忧无虑的小生命们,已经忘记了地球。

"向日葵"城

1975年,美国有一位科学家曾经提出了一个叫"向日葵"城的太空城方案,顾名思义,这座太空城的样式有点像向日葵,主体是一个直径达450米的圆筒,以2转/分钟的速度自转,这样可以产生像地面一样的重力,人在上面生

科学家由"向日葵"得出了建造"向日葵"城的灵感

活、工作像在地面上一样。周围配备圆锥形反射镜反射阳光，最外边是农业区，最上面是聚光镜，靠这面镜子聚集的阳光发电为城内提供电能。"向日葵"城可居住1万人。

太空花园

美国太空总署为配合星际探险计划的开展，与波音公司合作研制了一种名为"愉快花园"的适应性太空舱。这个太空舱实际上是一个保持受控状态的生命维持系统。在这个系统中，将种植各种花卉、果树和粮食作物，既为太空人提供良好的环境，又为他们提供食品和水果。整个花园里产生的二氧化碳将由小球藻系统来排除和制造氧气，保持新鲜空气。太空花园还专门设立了"运动区"，供到这里旅游参观的客人进行太空运动，运动区的引力相对较弱。

太空集体农庄

为了实现太空移民和长期载人航天，目前，美、日和西欧在21世纪的太空计划中，将植物在密闭的太空舱内进行长期生长试验作为重点研究项目。为此，设计太空集体农庄的工作已经开始进行。

目前，科学家的设想是把太空集体农庄建成球冠状。利用其外面可以转动的反射镜调节室内温度，通过人工努力，为植物营造一个像地球上一样的生长环境。科学家们通过对从月球上取回的土样成分进行化验分析认为，月球土本身不能种庄稼，但只要稍加改造，就可以成为在太空农场里种植庄稼等植物的土壤。更为重要的是，这种土壤还可以提取氧气和合成水分，这样就可以解决农场工作人员的生活用水问题了。

太空农场种植的庄稼、水果，不用洒农药，因此，是地道的绿色食品。未来的太空农场将全部实现机械化，工人在室内按电钮就可以对农场进行管理了。

太空城的方案还有许多。随着时间的推移，当太空城建造正式开始的时候，还会有更多、更好、更为科学的方案问世，届时，一座座太空城将呈现

国际空间站

在人们面前,期待着人们的光临。

非同凡响的空间医院

事实上,人类开发太空的目的大致有3项:①到空间去获取资源;②对人类是否能适应太空环境进行考察;③向现代医学挑战。

科学试验表明,航天员在长期失重条件下不仅能耐受空间真空和高低温环境,而且还能工作。尽管如此,目前仍有一系列航天医学方面的难题,如在失重环境中,血液会大量涌向头部,从而造成血液循环系统和平衡系统功能性紊乱,出现呕吐昏眩症状的所谓"空间运动病";除此之外,长期失重还会造成人体骨骼疏松,脱钙与脱磷等无机盐代谢紊乱,使肌肉萎缩;失重还对人体的免疫力和遗传有影响,而这些生理反常现象,仅凭遥测和航天员的感受来探索是很难深入研究的,必须依靠医生亲临现场做多方面的体验与考察,才能有效地解决。

事实上,早在1964年,前苏联就派叶戈罗夫医生随"上升"号宇宙飞船到轨道上,在那里停留了24小时,从事了相关医学课题的研究工作。10年后,又派遣阿季科夫医生乘"联盟"号宇宙飞船到"礼炮7"号空间站上"出诊"。

而随着新世纪太空科技工业的兴起,将来大型空间站、太阳能发电站、空间工厂等的建设,在太空工作的将不只是几个航天员,会有几十人乃至几百人。因此,在考虑太空开发规划的同时,必不可少地要考虑空间医院的建设,以便解决航天员的医疗问题,以及利用空间有利环境治疗地球上难以治疗的某些疾病。未来的空间医院将是一个综合性的医疗系统,集研究、

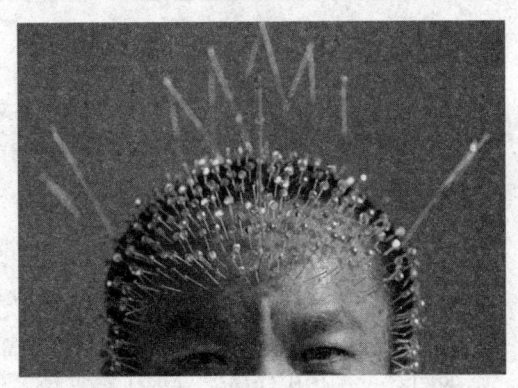

针 灸

治疗、休养于一体。

我们已经知道，空间运动病是航天员在失重飞行中碰到的共性问题。在载人航天史上，空间运动病频繁发生，而下面一组统计数字则足以说明这一点：前苏联"上升"号宇宙飞船上的航天员发病率约是60%，"礼炮"号空间站上的发病率为40%左右，美国"阿波罗"宇宙飞船上航天员发病率为37%，"天空实验室"上的为55.5%，航天飞机上的为53%。空间运动病仍然是航天医学领域亟待解决的问题，它严重影响航天员的健康、工作能力和安全，尤其对于短期载人航天危害更大，在发射后短期内出舱活动或救生应急返回，是对航天员安全的一种威胁。目前来看，对空间运动病的治疗，主要方法有限制头部运动和服用抗运动病的药物。由于头部运动加重了空间运动病症状和视动性眼震以及错觉感，所以空间大夫应教会航天员有意识地控制头部运动，而在必要时还要用颈圈来限制头部运动。服用西药会出现某种副作用，同时亦不能完全消除空间运动病的症状。

杜　仲

科学家们在勾画空间医院蓝图时指出，该类医院将开展中西医结合治疗，发挥气功、针灸、中药的优势，进行综合性医疗研究。

例如，中国的"长生不老药"——杜仲，就可作为空间保健药供航天员服用，据说它有促进蛋白质代谢、增进合成能力的功用。根据杜仲的药理推测，它能在微重力环境下起到抗肌肉和骨骼老化的作用。人们坚信，通过中西医的共同研究与探索，定能找到有效防护和治疗空间运动病的方法。

此外，空间医院还需要特别注意研究在空间长期生活中会出现哪些特殊病，采取什么措施可以防止它们的发生。据长期载人航天试验资料的统计分析,多发病为人的血管功能改变、骨骼脱钙、疲劳、睡眠紊乱、辐射损伤,还有一种常见病称为"心"病。虽然在短期载人航天史上还未出现过因乘员的感觉、认识和心理障碍而使飞行归于失败的先例,也未曾听说过不良的心理反应引起航天员的生理机能受到明显损害,但随着空间基地建设,面临转向长期居住空间这一新生事物的出现,人际关系、社会及心理状态等问题就会接踵而来,而且日益复杂,处理这些问题也会越来越困难,处理不好便会严重影响任务的完成。

我们知道,太空科技工业基地将是一个"与世隔绝"的小型社会,什么样的人都会碰到。人长期生活在这种环境里,会出现各种异常心理和心理生理的反应。有害作用使人从厌烦和无精打采,直至发展到不利于身心健康的焦躁不安、睡眠紊乱、疲惫不堪和认知受损,最终导致敌意或抑郁过度使性格孤僻。曾有一位长期在太空生活过的航天员回忆起当时的情景,他认为在空间共同生活不会是宁静的,航天员之间也会有意见分歧,有时甚至会对同事极为恼怒。但在失重状态下,站立不稳,就连想打人都很困难,有时即使感到灰心丧气也没办法,只觉得非常疲劳,常常不知道哪件事就会引起争吵。另一位航天员则回忆说:在空间出现控制不住的心理状态,也有周期性变化,有时会情绪紧张和难以入睡,有时却乐意把闲暇或娱乐时间用于工作以打发时间,因为在工作中能感到时间过得快些,这样可消除因感觉时间过得慢而产生的孤独、寂寞、头痛、背痛及其他身体不适感。人们分析,无所事事会导致心危机,在失重环境下尤为严重。

除此之外,长期在空间生活还会出现一些难以预料的险情。一些人在空间停留时间越长,越想返回地面与家人团聚。一些人因心理因素和个人因素导致事故发生。

有一次,某位航天员本来分工在空间站内,监测另一名出舱航天员的生命保障系统,因被太空美景所吸引,抑制不住想欣赏一下的强烈欲望,于是违犯操作规程,将头伸出舱口,因未将安全带系牢,身体在失重下来回旋转,并逐渐漂离空间站,幸好被出舱的航天员及时发现,抓住了他的脚,才使他侥幸脱险。

在空间活动的行为表明，在地球上许多看来是无关紧要的小事，而到达没有地方发泄强烈情感的空间环境里，会变得十分重要。若对一些小事处理不当，造成人员的心理障碍，轻则影响工作效率，重则出现事故，后果不堪设想。而建立空间医院后，航天员出现心理障碍后可到医院找心理医生咨询，有针对性地帮助消除障碍。与此同时也可让航天员轮流到空间医院定期疗养，通过改变日常生活安排、休息、锻炼及检查治疗，增加娱乐活动，使空间生活变得有情趣，打破长期待在太空令人厌烦、乏味、孤独和沉闷的气氛。与此同时，空间医院还可研究如何去调动人的积极因素，设法使人类通过自身的努力来维护和提高自己对空间环境的适应能力，训练并使他们掌握利用社会心理学知识，处理好人际关系。由此观之，空间医院的建立，将为人类征服宇宙，排除各种干扰立下汗马功劳。

科学家指出，空间医院不仅负责心理治疗，更重要的是研究如何确保航天员的生命安全，其中包括研究如何采取物理预防措施，如体育运动、电刺激、下身负压、防护服等。还要研究空间用的药物，进行临床治疗与预防。这些药物的功效在于：动员机体自身的代偿适应机制，以提高对极端因素的耐受性，预防感染、辐射损伤等；治疗疾病；消除疲劳和精神紧张。在失重状态下，机体出现体液向上移位，从而出现一系列血液循环变化以及站立耐力降低的现象。空间药理学的任务，是要寻找有效药物使血液重新分布正常化，消除小循环和大脑血液循环系统的紊血现象，预防心脏活动的紊乱，提高站立耐力等。其中特别重要的是研制预防和治疗心律不齐药、强心剂、影响心肌能量储备药、调节血管张力药等。空间医院建成后，所积累的许多医治太空病的经验与良方，将推广应用到地球上来，使更多的人受益。

有人曾乐观地估计，空间医院还将是地球上病人的疗养胜地。在那里，可以有效地利用无重力、无菌、真空这些特定环境治疗某些疾病。例如医治大面积烧伤病人，在空间医院里，病人不需要着床，可飘浮在空中进行悬浮治疗，这样绝不会生令人烦恼的褥疮，而且在无菌下不会受到感染，有利于伤口的愈合。对于心脏病患者来说，空间医院是疗养的好去处，因为它能促进身体的早日康复，在太空失重条件下，血液重量及黏度均减小，心脏只需花费地面1/4的力气就能推动血液循环。这对患有心律不齐和心肌梗死的人来说,心脏负担会大大减轻,能促进心肌的自然恢复。在空间医院里,治疗呼吸系统疾病也很有利,如治疗肺气肿和哮喘病,都具有地面上无可比拟的优点。对于骨折治疗,无重力环境下,上石膏就更加简便了。而腿脚不灵活、腰痛无力的人可以在太空中自由行走。空间医院建成后,航天员可随时到医院就诊,白衣天使亦可到各工地去巡诊,地面上的一些伤病员也可乘坐航天飞机到空间医院去治疗,相信在不远的将来,这些愿望可以成为现实。

太空城

太空城是人类移居外太空的梦想。在茫茫太空中,有一座座"高楼大厦"在日夜不停地运行着,数万、数十万甚至上百万地球人在里边工作、生活着。这个庞然大物里工作、生活所需要的物品一应俱全,环境幽雅,绿树茵茵,小桥流水,蛙鸣鸟叫……简直是一个世外桃源。这就是未来的太空城。